C000120268

BERQUIN

LES

BEAUTÉS ET MERVEILLES

DE LA NATURE

ÉDITION REVUE ET CORRIGÉE

LIBRAIRIE DES BONS LIVRES.

LIMOGES

MARTIAL ARDANT FRÈRES

rue des Taules.

PARIS

MARTIAL ARDANT FRÈRES

quai des Augustins, 25.

1855.

BIBLIOTHÈQUE

RELIGIEUSE, MORALE, LITTÉRAIRE,

POUR L'ENFANCE ET LA JEUNESSE,

APPROUVÉE

PAR S. E. LE CARDINAL-ARCHEVÊQUE DE BORDEAUX,

DIRIGÉE

PAR M. L'ABBÉ ROUSIER,

Aumônier du Lycée de Limoges.

BERQUIN.

BEAUTÉS ET MERVEILLES

DE LA NATURE,

POUR LA JEUNESSE,

CONTENANT

L'HISTOIRE ABREGÉE DES ANIMAUX

QUADRUPÈDES, OISEAUX, POISSONS, REPTILES, INSECTES;
DES PLANTES, FLEURS ET FRUITS; — DES MINÉRAUX ET DES MÉTAUX;
ET LES PREMIÈRES NOTIONS D'ASTRONOMIE.

LIBRAIRIE DES BONS LIVRES.

PARIS,

MARTIAL ARDANT FRERES,

quai des Augustins, 25.

LIMOGES,

MARTIAL ARDANT FRERES,

rue des Taules.

1854.

BEAUTÉS

DE

LA NATURE.

LA CAMPAGNE.

Nous voici donc enfin arrivées à la campagne, ma chère Charlotte ; et puisque nous sommes si bien disposées à faire ensemble de petites promenades pour fortifier notre santé par un exercice agréable, j'ai pensé qu'il serait facile de les faire servir également à étendre nos connaissances. Il n'est pas un seul objet sur la terre qui ne puisse offrir autant d'instruction que d'agrément, lorsqu'on sait l'examiner avec soin ; et je suis persuadée que nous sentirons bientôt, par nos observations, que rien n'a été fait en vain dans la nature.

Henri, votre frère, n'est encore qu'un bien petit garçon, il est vrai; mais il est plein d'intelligence, et doué d'une heureuse mémoire. J'espère qu'il sera en état de comprendre beaucoup de choses dont nous aurons occasion de parler; c'est pourquoi j'ai le projet de le mettre de la partie. Oh! je meurs d'envie de le voir aujourd'hui. Il vient de quitter les premiers habillements de l'enfance, et j'ose croire qu'il est déjà tout fier de cette métamorphose. Mais qui vient donc à nous? — Votre servante, monsieur. — Comment, c'est vous, Henri? Comme vous voilà leste et pimpant! Je ne pouvais deviner quel était ce petit-maître que je voyais s'avancer d'un air si délibéré. Maintenant que vous êtes habillé comme un homme, je me flatte que vous commencez à imaginer que vous en êtes un en effet. Mais quoique vous sachiez déjà lire assez joliment, fouetter une toupie et pousser une balle, je vous assure qu'il vous reste encore beaucoup de choses à apprendre. Je serai charmée de vous faire part de tout ce que je sais. Nous allons, votre sœur et moi, faire un petit tour de promenade dans les champs. Seriez-vous fâché de venir avec nous? Bon! je vois à votre mine que vous ne demandez pas mieux, n'est-ce pas?

Vous vous souvenez, mes chers enfants, que, dans notre petite course d'hier au soir, je vous fis observer une grande variété de plantes et de fleurs. Je vous montrai les troupeaux qui couvraient les pâturages, et les oiseaux qui voltigeaient de branche en branche sur les buissons. Je vous dis le nom de tout ce qui frappait nos regards. Mais il y a un plus grand nombre de choses agréables à connaître à leur sujet. Mon dessein est de commencer à vous instruire aujourd'hui, tout en nous promenant. Charlotte va se disposer à cette expédition; ainsi, prenez votre chapeau. mon petit Henri. Nous irons d'abord dans la prairie. où je suis sûre qu'il se présentera bientôt quelque chose digne de notre curiosité.

LA PRAIRIE.

En bien ! mes petits amis, qu'en dites-vous ? N'est-
ce pas un endroit charmant ? Quel air de fraîcheur on
y respire ! Comme l'herbe en est épaisse et verdoyante !
et de combien de jolies fleurs elle est émaillée !

Je n'ai pas besoin de vous dire quel est l'usage de
cette herbe qu'on appelle ordinairement gazon ; vous
avez vu si souvent les vaches, les chevaux et les
brebis s'en repaître ! mais ils ne la mangent pas
toute sur la prairie ; on leur réserve certains quartiers pour le pâturage, et on les éloigne des autres
aussitôt que l'herbe commence à grandir. Elle n'atteint sa parfaite maturité qu'au mois de juin, ce que
l'on reconnaît par la couleur jaune qu'elle prend.
Alors les faucheurs la coupent avec un instrument de
fer recourbé qu'on nomme une faux ; ensuite viennent des faneurs qui la tournent et la retournent

1..

avec des fourches de bois, en l'étalant sur la terre pour la faire sécher au soleil. Elle prend alors le nom de foin. Dès que le foin a perdu toute son humidité, et qu'il n'y a plus de danger qu'il s'échauffe, on le ramasse avec des râteaux, et on l'emporte sur des chariots dans la cour de la ferme, où il est entassé en grands monceaux qu'on appelle meules.

C'est de ces meules énormes que l'on tire le foin pour le lier en milliers de bottes, et le donner aux chevaux que l'on tient à l'écurie. Il sert aussi dans l'hiver à nourrir les troupeaux; car alors il y a bien peu de gazon pour eux sur la terre, et encore moins lorsqu'elle est couverte de neige. Tout cela vient de petites graines qui ne sont pas plus grosses que des têtes d'épingles, et les graines sont venues des fleurs que vous pouvez remarquer à présent à l'extrémité de la tige.

Dans une prairie où l'on fauche le foin, il se détache toujours un grand nombre de graines qui, l'année suivante, produisent le gazon; mais si l'on veut faire une prairie dans une pièce de terre neuve, il faut recueillir les graines pour les semer.

Ces jolies fleurs dont vous venez de faire un bouquet, Charlotte, viennent également de graines qui se trouvaient mêlées parmi celles du foin. Voilà des boutons d'or, des coquelicots et des marguerites de pré. Ces fleurs sont bonnes pour les troupeaux, et servent à donner un goût agréable au gazon. Il y en a même qui sont médicinales, c'est-à-dire bonnes à composer des remèdes pour une infinité de maladies auxquelles nous sommes sujets.

Ne pensez-vous pas , Henri , que le gazon , dont la douce verdure embellit tant les campagnes , est en même temps une production bien utile? Je suis sûre que les pauvres troupeaux le diraient encore mieux que nous , s'ils étaient en état de parler. Ils n'ont pas de cuisinier pour préparer leurs repas ; ils ne peuvent pas même faire comprendre ce qui leur est nécessaire. Mais Dieu a su pourvoir à leurs besoins. Vous voyez que leur nourriture s'étend sous leurs pieds, et qu'ils n'ont qu'à se baisser pour la prendre. S'il en coûte à l'homme des soins légers pour la faire venir, c'est bien le moins qu'il donne quelques-uns de ses moments à ces utiles animaux, dont les uns lui épargnent tant de fatigues, et dont les autres le vêtissent de leur laine et le nourrissent de leur chair.

LE CHAMP DE BLÉ.

MAINTENANT nous allons prendre congé de la prairie, et faire un tour dans le champ de blé. Il y en a de plusieurs espèces.

Celui-ci est du froment. Je le reconnais à la hauteur de ses tiges. J'espère que nous en aurons une abondante récolte. Elle sera bonne à ramasser dans

le mois d'août, qu'on appelle le mois des moissons.
J'ai mis dans ma poche un épi de l'année dernière,
pour vous montrer tout ce que ceci produira. Frois-
sez-le dans vos mains, Henri. Bon! soufflez à présent les barbes, et donnez-moi un des grains. Voilà
ce qu'on appelle un grain de froment. Vous voyez
qu'il y a plusieurs grains dans un épi? Eh bien! regardez maintenant le pied, vous verrez qu'il vient
quelquefois plusieurs tiges, et par conséquent plusieurs épis d'un seule racine; et cependant toute cette
racine provient d'un seul grain qu'on a semé à la
fin de l'automne.

Cette semence n'a pas été jetée au hasard, et sans
beaucoup de soins particuliers. On avait commencé
par ouvrir la terre en sillons, quelques mois aupa-
ravant, avec ce fer tranchant que je vous ai fait remarquer au-dessous de la charrue. Elle est restée en
repos tout l'été, et s'est bien pénétrée du fumier
qu'on avait répandu sur les guérets pour l'engraisser; puis on l'a de nouveau labourée. Enfin, vers le
milieu de l'automne, un homme est venu dans chaque sillon y répandre des grains, et tout de suite,
avec sa herse, il les a recouverts de terre. Ces grains
étant enflés et ramollis par l'humidité, il en est sorti
en bas de petites racines qui se sont accrochées dans
le sein de la terre, et par en haut de petits tuyaux
qui ont percé sa surface en plusieurs branches, de la
manière que vous pouvez le remarquer. Ces tuyaux,
montés en haute tige, ont produit les épis, dont

chacun renferme à peu près vingt grains ; en sorte
que si vous comptez, d'après ce calcul, tout le produit des grains dont la semence a réussi, vous trouverez qu'il peut en être venu environ vingt fois autant que l'on en a mis dans la terre. Les épis, cachés
encore dans ces tiges, se développeront peu à peu,
se mûriront au soleil, et ressembleront à celui que
vous venez de froisser. Alors on coupera par le pied,
avec une faucille, les tiges de paille qui les suppor-
tent, et on les liera en paquets appelés gerbes, pour
les emporter dans la grange, les battre avec un fléau,
et les vanner, pour séparer les débris de paille du
grain. On enverra celui-ci au meunier pour le mou-
dre en farine sous la grosse meule de son moulin à
eau ou à vent. Ensuite la farine sera vendue au bou-
langer pour en faire du pain, et au pâtissier pour en
faire des biscuits et des pâtés.

Imaginez, mes amis, quelle immense quantité de
blé on doit semer tous les ans, pour fournir du pain
à tant de milliers d'hommes ! Le pain est l'aliment le
plus sain et le moins cher qu'on puisse se procurer.
Il y a beaucoup de pauvres gens qui n'ont guère
d'autre nourriture, et qui n'en ont pas toujours.

Le blé ne viendrait pas, comme le foin, sans être
ensemencé, parce que le grain en est plus gros, et
doit être enfoncé plus profondément dans la terre. Je
vous ai dit tout à l'heure les divers travaux que de-
mandaient les semailles.

Voici une autre espèce de blé qu'on appelle de

l'orge. Je vous en ai aussi apporté un épi, pour vous
la faire distinguer du froment. Voyez-vous comme il
a des barbes longues et fourrées? Gardez-vous bien,
Henri, de le mettre dans la bouche, car il s'arrê-
terait à votre gosier et vous étoufferait. L'orge est
semée et recueillie de la même manière que le froment; mais elle ne fait pas de si bon pain. Elle est
cependant fort utile. Les fermiers la vendent par bois-
seaux aux marchands de drêche, qui la font tremper
dans l'eau pour la faire germer. Alors on la sèche sur
de la cendre chaude, et elle devient drêche. On y
verse une grande quantité d'eau, puis on y mêle du
houblon, qui lui donne un goût agréable d'amertume,
et l'empêche de s'aigrir. Enfin, en brassant ce mélange, on en fait de la bière, cette liqueur forte et
nourrissante qui fait la boisson ordinaire dans plusieurs pays où il ne croît pas de vin. L'orge est aussi
fort bonne pour nourrir les dindes, les poules et d'autres oiseaux de basse-cour.

Je vous ai parlé du houblon. Il croît dans les
champs qu'on appelle houblonières. Sa tige monte le
le long des perches qu'on lui donne pour la soutenir.
Ses fleurs, d'un jaune pâle, font un effet charmant
dans la campagne. Quand il est mûr, on le sèche,
on en fait des monceaux, et on le vend aux bras-
seurs.

Cette troisième espèce de blé est de l'avoine. Vous
avez vu souvent le palfrenier en servir aux chevaux
pour les régaler et leur donner du feu. C'est une

espèce de dessert qu'on leur présente après le foin.

Il y a aussi une autre espèce de blé qu'on nomme seigle, qui sert à faire le pain bis que mangent les pauvres. On le mêle quelquefois avec du froment, et il donne alors du pain d'un goût assez bon.

Il y a bien des pays qui ne produisent pas de blé pareil à celui qui vient dans nos coutrées. Par exemple, le blé qu'on nous a apporté de Turquie est bien différent du nôtre. Sa tige est comme celle d'un roseau avec plusieurs nœuds. Elle monte à la hauteur de quatre ou cinq pieds. Entre les jointures du haut de sa tige sortent des épis de la grosseur de votre bras, qui renferment un grand nombre de grains jaunes ou rougeâtres, à peu près de la figure d'un pois aplati. La volaille en est très friande. On le cultive avec succès dans quelques provinces de France, surtout dans les landes de Bordeaux, où il sert à faire du pain pour les misérables habitants.

Vous connaissez aussi bien que moi le millet que l'on donne aux oiseaux. Il vient en forme de grappes, sur des tiges plus courtes et plus menues que celles du froment. La farine en est excellente, cuite avec du lait.

Je vous ferais venir l'eau à la bouche si je vous parlais du riz, que l'on prépare aussi avec du lait. Mais croiriez-vous qu'il a besoin d'être presque couvert d'eau pour croître et pour mûrir?

Dans les pays où la terre n'est pas propre à produire du grain, les pauvres habitants sont réduits à se nourrir de fruits, de racines, de gâteaux de pommes de terre, d'une pâte de marrons cuits au four. On est même quelquefois obligé, dans les pays les plus fertiles, d'avoir recours à ces tristes aliments, lorsqu'il survient des années de stérilité. Deux bons citoyens, MM. Parmentier et Cadet de Vaux, ont enseigné la meilleure manière de les préparer.

Quelles grâces, mes enfants, nous devons rendre à Dieu, nous qui n'avons jamais éprouvé ces cruels besoins! J'espère que vous serez touchés de cette réflexion, et que vous vous ferez un devoir de ne jamais gaspiller ce qui ferait la joie de tant de malheureux. Les miettes mêmes que vous laissez tomber, si elles étaient ramassées, pourraient fournir un bon repas à un petit oiseau, et le rendre joyeux pour toute la journée. Comme il s'empresserait de les partager entre ses petits, qui ouvrent inutilement leurs becs, tandis que leurs parents volent au loin pour leur chercher quelque nourriture! J'étais bien fâchée hier au soir contre vous, Henri, lorsque vous faisiez des boulettes de pain pour les jeter à votre sœur. J'ose croire que vous ne le ferez plus, maintenant que je vous ai fait connaître le prix de ce présent inestimable du ciel. J'ai vu des personnes qui avaient prodigalement gâté du pain pendant leur enfance, pleurer dans un âge avancé, faute d'en avoir un morceau.

LA VIGNE.

Vous avez bu quelquefois du vin de Champagne et de Bourgogne, sans vous embarrasser de la manière dont il se faisait. Entrons dans ce vignoble. Eh bien! Henri, croiriez-vous jamais que c'est de ces petites souches tortues que nous vient la douce liqueur qui nous fait tant de plaisir dans nos repas? Vous connaissez le raisin? Voyez déjà la grappe qui commence à se former. Ces grains, qui ne sont encore que du verjus, s'enfleront peu à peu, et seront mûrs au commencement de l'automne. Vous en verrez faire la récolte qu'on appelle vendange; mais je suis bien aise, en attendant, de vous en donner une idée.

Dès le matin, les vendangeuses se répandent dans la vigne, coupent le raisin, et en remplissent leurs paniers. Un homme vient les prendre à mesure qu'ils sont pleins, et va les jeter dans de larges demi-tonneaux, placés sur une charrette pour les recevoir, et les porter à un endroit où des hommes foulent les grappes sous leurs pieds. On recueille la liqueur qui découle du pressoir, et on la verse dans de grandes cuves ou de petits tonneaux, où elle se purifie d'elle-même en fermentant, jusqu'à ce qu'elle devienne bonne à boire.

Le temps des vendanges est un temps continuel de
plaisirs et de fêtes. Aussi sont-elles probablement
cause que les mois de septembre et d'octobre ont été
choisis pour mois de vacances dans toutes les
écoles.

Le vin, pris avec modération, est très bon pour
l'estomac, et le fortifie; mais, lorsqu'on en boit
avec excès, il produit des vapeurs qui troublent la
raison, et rabaissent l'homme au niveau de la brute
stupide. Vous avez vu quelquefois des ivrognes, et
vous vous souvenez encore de la juste horreur qu'ils
vous ont inspiré.

LES LÉGUMES ET LES HERBAGES.

VOUDRIEZ-VOUS me suivre pour voir ce qui croît
dans le champ voisin? Je crois que ce sont des navets.
En effet, je ne me suis pas trompée. Cette racine,
lorsqu'elle est cuite avec du mouton, fait, comme
vous le savez, d'excellents ragoûts. On en sème une
grande quantité chaque année pour notre table; on
en donne aussi aux vaches pour ménager le foin, et
parce que d'ailleurs elle leur fait porter une grande
abondance de lait.

Les pommes de terre, les raves, les ognons, les
radis, les carottes, les panais, et plusieurs autres

légumes que vous connaissez à merveille, croissent, comme les navets, sous terre. D'autres, tels que les artichauts, les pois, les fèves, les lentilles et les haricots, croissent au-dessus. Vous en cultivez vous-mêmes dans votre petit jardin; ainsi ce serait plutôt à moi de recevoir vos instructions sur ce chapitre.

Je crois aussi n'avoir rien à vous apprendre sur les herbages et les plantes qui viennent dans le potager, comme les choux, les choux-fleurs, les asperges, les laitues, la chicorée, les melons, les concombres, les citrouilles, et une infinité d'herbes agréables au goût, et très bonnes pour la santé. Tout cela se cultive sous vos yeux, et par les questions que je vous ai déjà entendu faire à Mathurin, je vous suppose complétement instruits sur cet article.

LE CHANVRE ET LE LIN.

Voyez-vous là-bas ces deux grandes pièces de terre couvertes d'une si belle verdure? L'une est du chanvre, l'autre est du lin. Les tiges de ces plantes, après qu'elles ont été battues et bien préparées, forment la filasse que vous avez vu filer à la vieille Suzon. Le fil de chanvre sert à faire le linge de corps et de ménage. Le fil de lin, qui est d'une plus belle qualité, se réserve pour la toile de batiste. On l'emploie aussi pour faire de la dentelle et du filet. Votre fourreau, Charlotte, votre chemise et vos manchettes, Henri, croissaient autrefois dans les champs.

J'oubliais de vous dire que la filasse de chanvre sert encore pour toute espèce de câbles, de cordes et de ficelles.

On a essayé, en quelques endroits, de tirer parti de ces vilaines orties qui piquent si bien les passants, et l'on en fait un fil grossier, mais très fort, qui pourrait servir à faire des toiles communes.

LE COTON.

Au défaut de ces plantes, on cultive le coton dans quelques îles de l'Amérique, et surtout dans les grandes Indes. C'est d'abord un duvet léger qui entoure les graines d'un arbre appelé arbre à coton. Le fruit qui les renferme en plusieurs petites loges est à peu près de la grosseur d'une noix, et s'ouvre en mûrissant. Alors on le recueille, et le coton, séparé des graines et du fruit, devient, après quelques préparations, cette espèce de filasse douce et blanche dont vous m'avez vu mettre quelquefois de petits tampons

dans mes oreilles et dans mon écrin. La partie
la plus grossière se file en gros brins pour les
mèches de nos lampes et de nos bougies. Le
reste, filé en brins presque aussi déliés que vos
cheveux, s'emploie pour la fabrique des mousse-
lines et des toiles de coton.

Vous voyez, mes chers amis, quelle variété de
matériaux nous a fournis la Providence, et comme
le génie de l'homme a su les employer à des
objets d'agrément ou d'utilité. L'écorce même des
arbres, par un travail et un adresse incroyables,
se convertit en étoffes précieuses sous les doigts
de ces sauvages qui nous paraissent si ignorants.
Je me souviens de vous avoir montré des ouvrages en plumes et en réseau dont ils se parent
dans leurs fêtes, et comme nous avons admiré
leur patience et la légèreté de leur travail.

LES HAIES.

NE sentez-vous pas une odeur bien douce ?
Regardez à travers la haie, Henri, et voyez si
vous pourrez découvrir ce qui la produit. Ah !
Charlotte, quelles jolies roses sauvages votre frère
vient de cueillir ! Comment donc? un brin d'au-
bépine aussi ! Ce brin est bien précieux ! C'est

peut-être le seul qu'on pourrait trouver, car
tout le reste a passé fleur. Quel charme, au printemps, de respirer des parfums délicieux jusque
sur les buissons et sur les ronces! Ces plaisirs
viennent de passer pour nous; mais ceux des
petits oiseaux vont commencer. Ils trouveront
bientôt dans ces broussailles des fruits pour se
nourrir jusqu'au milieu de l'hiver.

Le fermier plante des haies autour de son do-
maine pour empêcher les voyageurs et les animaux d'aller au travers de ses champs, où ils
pourraient causer beaucoup de dommage. Elles lui
servent aussi à distinguer sa terre de celle de
son voisin. Les troupeaux y trouvent dans l'été
un ombrage contre les ardeurs du midi, et dans
l'hiver un abri contre le souffle glacé du nord.

LES ARBRES DE HAUTE FUTAIE.

Le beau chêne que voilà, mes amis! comme
son ombrage s'étend à propos pour nous garantir
des traits du soleil! Voyez quel nombre infini de
glands attachés à ses branches! Vous savez bien
quel est l'animal qui se régale de ce fruit? Mais
ne pensez pas que le chêne majestueux ne soit
bon à autre chose qu'à lui fournir des provisions.

Il est d'un plus grand usage pour nous, ainsi
que je vous le dirai tout à l'heure. Mais laissez-
moi d'abord contempler un moment cet arbre superbe ; je ne puis me rassasier de le voir. Avec
quelle fierté sa tête s'élève dans les airs ! Et sa
tige ! trois hommes, en se tenant par la main,
ne sauraient l'embrasser. Il pousse chaque année
des milliers de rameaux et des millions de feuilles.
Il a de grandes racines qui s'enfoncent bien
avant dans la terre, et qui s'étendent au loin
autour de lui. Elles le soutiennent contre les
violentes tempêtes que son front est obligé d'es-
suyer. C'est aussi par ses racines que la terre
le nourrit, et entretien la fraîcheur et la vie
dans tous ses membres énormes.

Eh bien ! Henri, n'est-ce pas une chose bien
admirable que ce grand arbre soit sorti d'une
petite semence ? Regardez, en voici un tout jeune.
Il est si petit, Charlotte, que vous aurez la
force de l'arracher vous-même. Tenez, voyez-vous ?
voilà le gland encore attaché à sa racine. C'est
pourtant ainsi que sont venus tous les arbres
qui peuplent cette belle forêt que nous traver-
sâmes l'autre jour dans notre voyage. Ce chêne
seul, si tous ses glands avaient été recueillis
chaque année, et plantés avec soin, aurait déjà
pu suffire à couvrir de ses petits-enfants la face
entière de la terre.

Lorsque le chêne ou les autres arbres qu'on

appelle aussi de haute futaie, tels que le frêne, l'orme, le hêtre, le sapin, le châtaignier, le noyer, etc., seront parvenus au terme de leur croissance, un bûcheron viendra les couper par le pied avec sa cognée. On dépouillera le tronc de ses branches, et les scieurs le scieront en différents morceaux, pour en faire des madriers propres à la construstion des vaisseaux, des poutres pour les maisons, ou des planches pour les uns et les autres, ainsi que pour différentes sortes de meubles et de machines. Les grosses branches, les plus droites, seront pour les solives; celles qui sont crochues, pour les bûches; les branchages, pour les fagots; enfin les racines donneront les souches que l'on brûle dans nos foyers.

Vous voyez par là de quelle utilité les arbres sont pour nous dans toutes leurs parties. Le pauvre Henri les trouverait bien à dire, car les toupies, les sabots, les battoirs, sont tirés de leur sein. Il n'est pas même jusqu'à leur écorce dont on sait faire un usage utile pour les teintures, et pour tanner le cuir de vos souliers.

Un autre avantage de ces arbres, c'est qu'ils croissent d'eux-mêmes, sans demander aucun soin, et qu'ils nous donnent pour rien l'aspect de leur belle verdure et la fraîcheur de leur ombrage. Voyez comme les petits oiseaux se reposent en chantant sur leurs branches! combien ils doivent être contents, la nuit, de trouver un abri sous leurs feuilles!

Nous-mêmes, si une pluie abondante venait à tomber, ne serions-nous pas bien heureux de nous y mettre à couvert? pourvu cependant qu'il n'y eût pas d'apparence d'orage ; car dans les orages les arbres attirent quelquefois le tonnerre : ce qui rend alors leur approche très dangereuse.

Lorsqu'il y a plusieurs arbres rassemblés sur une vaste étendue de terrain, cet endroit s'appelle bois ou forêt. Si cet endroit est fermé de murailles et dépend d'un château, on l'appelle parc. Les bosquets ou bocages sont de petites forêts.

LES BOIS TAILLIS.

CES mêmes arbres dont nous venons de parler, lorsqu'on les coupe avant qu'ils soient parvenus à leur hauteur naturelle, forment ce qu'on appelle un bois taillis. Ce sont ordinairement les rejetons qui poussent sur les vieilles racines dans une forêt que l'on vient d'abattre On les coupe après cinq ou sept ans, les uns pour le chauffage, les autres pour servir d'échalas à la vigne, ou pour faire les cercles des cuves et des tonneaux. Cette récolte, qui peut se faire de cinq en cinq ans, s'appelle coupe réglée.

LE VERGER.

OUTRE ces arbres , il en est d'autres nommés arbres fruitiers. Je parierais avec confiance que nous aurons plus de plaisir encore à nous en entretenir. Entrons dans le verger.

Voilà les fruits qui grossissent. Ce serait vous faire injure que de vouloir vous les faire connaître. Si petits que vous soyez, je pense que personne au monde ne distingue mieux que vous les poires, les pommes, les pêches, les cerises, les prunes, les abricots et les brugnons. Les arbres étendus en éventail contre la muraille s'appellent, comme vous savez, espaliers, et les autres, arbres à plein vent. Les premiers rapportent plus sûrement, et de plus beaux fruits, par ce que, dans les gelées, on peut les couvrir avec des nattes de paille, et que la muraille, échauffée par le soleil, avance leur maturité. Les seconds passent pour avoir leur fruit d'un goût plus plus fin et plus délicat. Ne souhaiteriez-vous pas, Henri, qu'il fût déjà mûr? Patience ; il le sera bientôt, et vous en mangerez tant qu'il vous plaira dans le temps. Mais gardez-vous bien d'y toucher tant qu'il est vert, car il vous rendrait malade peut-être pour toute l'année.

Vous vous rappelez, mes chers amis, combien les arbres à fruits paraissaient beaux, il y a trois semaines, lorsqu'ils étaient en pleine fleur ? Les fleurs sont maintenant passées, et les fruits croissent à la place. Ils deviendront plus gros de jour en jour, jusqu'à ce que la chaleur du soleil les colore et les mûrisse ; et alors ils seront bons à cueillir.

Les pommes et les poires peuvent se garder dans leur état naturel pendant tout l'hiver ; mais les autres fruits tournent bientôt en pourriture, et il faudrait renoncer à en manger après leur saison si l'on n'avait trouvé le moyen de les conserver en les faisant sécher au four, ou en les mettant dans de l'eau-de-vie, ou enfin en les faisant bouillir avec un sirop composé d'eau et de sucre. C'est de cette dernière façon que l'on fait les marmelades et les gelées qu'on trouve si bonnes dans l'hiver, et surtout dans les maladies.

Il y a quelques fruits renfermés en de dures coquilles, comme les noix, les amandes, les noisettes, les châtaignes, etc. Vous les connaissez aussi bien que les arbres qui les portent, mais vous ne connaissez pas un autre arbre de la même espèce, parce qu'il ne vient pas dans ce pays : c'est le cocotier. Il est très haut et fort droit, sans branches ni feuillages autour de sa tige. Seulement vers le sommet il pousse une douzaine de feuilles très larges, dont les Indiens se servent pour couvrir leurs maisons, pour faire des nattes et pour d'autres usages. Entre les feuilles et l'extrémité de sa pointe il sort quelques rameaux de

la grosseur de mon bras, auxquels on fait une incision, et qui répandent par cette blessure une liqueur très agréable dont on fait l'arack. Ces rameaux
portent une grosse grappe, ou paquet de cocos, au
nombre de dix à douze.

Cet arbre rapporte trois fois l'année, et son fruit,
dont vous avez goûté l'autre jour, est aussi gros que
la tête d'un homme. Il en est dont le fruit n'est pas
plus gros que votre poing, et qui sert, entre autres
usages, à faire des cuillers à punch.

Il y a aussi une espèce d'amande appelée cacao,
qui vient dans les Indes occidentales et au midi de
l'Amérique. L'arbre qui la produit ressemble un
peu à notre cerisier. Chaque cosse renferme une
vingtaine de ces amandes, de la grosseur d'une fève,
dont on fait le chocolat, avec d'autres ingrédients. Le
meilleur cacao nous vient de Caraque, dont il porte
le nom.

LES PÉPINIÈRES ET LA GREFFE.

Les arbres ont généralement trois manières de se
reproduire : par les graines, pepins ou noyaux cachés
dans l'intérieur de leur fruit, par les petits rejetons
pris sur leurs vieilles racines, ou par les boutures

coupées de leurs branches, et plantées en terre pour
s'y enraciner.

L'endroit où l'on rassemble ces élèves, la douce
espérance du jardin, s'appelle pépinière. C'est
comme un collège pour les enfants des arbres, où
l'on veille sur leur croissance, et où l'on s'étudie à
les préserver de mauvais penchants.

Les jeunes arbres, qu'on nomme sauvageons, ne
porteraient que de mauvais fruits, si l'on n'avait soin
de les greffer. Voici comme on s'y prend. On coupe
d'abord le haut de leur tige, pour les empêcher de
s'élever davantage ; puis un peu au-dessous, des
deux côtés, on fait une petite incision à l'écorce, et
dans cette ouverture on glisse un bourgeon pris d'un
autre arbre, avec une petite partie de son écorce,
pour remplir le vide qu'on a fait dans celle du sauva-
geon. On les lie étroitement ensemble, et l'on recouvre la blessure de mousse, pour empêcher l'air
d'y pénétrer. Le bourgeon, recevant sa nourriture
de l'arbre, s'unit avec lui, et il pousse bientôt des
branches qui, s'étendant de tous côtés, forment la
tête de l'arbre, et portent des fruits exquis.

Cette opération, l'une de plus curieuses du jardi-
nage, se varie de plusieurs manières. J'aurai soin de
parler à Mathurin, pour le prier de la faire en votre
présence.

LES FLEURS.

CHARLOTTE, si vous n'êtes pas fatiguée, nous irons voir nos fleurs. Pour Henri, c'est un homme, et il lui siérait mal de se plaindre. Je pense même qu'il serait en état de se tenir sur ses pieds du matin au soir. Venez, monsieur, prenez la clef du jardin, et ouvrez la porte. Voici, je crois, l'endroit le plus agréable que nous ayons jamais vu.

Quel est l'objet qui va d'abord captiver nos regards? Que sais-je? il se trouve ici une si grande variété de beautés, que l'on hésite à laquelle donner la préférence. Vous admiriez les fleurs des champs; mais celles-ci les surpassent encore.

Regardez ces tulipes, ces giroflées, ces œillets, ces jonquilles, ces jacinthes et ces renoncules. La blancheur de ce lis ou de cette tubéreuse efface celle de la plus belle batiste. Prenez la plus petite fleur : en la regardant de près, vous la trouverez aussi jolie et aussi curieuse que les plus grandes. N'oublions pas surtout la modeste violette, la première fille du printemps. Charlotte, cueillez-moi, je vous prie, une de ces roses à cent feuilles. C'est bien avec raison que pour son doux parfum et sa couleur brillante

on la nomme la reine des fleurs. Joignez-y quelques
brins de lilas, de jasmin, de muguet et de chèvre-
feuille. Quel agréable mélange de douces odeurs dans
un si petit bouquet ! Je ne vous permettrai pas d'en
cueillir davantage ; ce serait une pitié de les gâter. Le
jardinier nous en a apporté ce matin pour parer notre
appartement. Elles se conserveront par la fraîcheur
de l'eau qui baigne leurs tiges, au lieu que la chaleur
de vos mains les aurait bientôt fanées.

Avez-vous pris garde que chaque fleur a des feuilles différentes de celles des autres ; que quelques-
unes sont bigarrées de toutes les couleurs que vous
pouvez nommer, et découpées en festons les plus
délicats? En un mot, leurs beautés sont trop multi-
pliées pour qu'on puisse vous les compter. Quand
vous serez en état de lire les ouvrages d'histoire naturelle, vous serez étonnés de tout ce qu'elles offrent
d'admirable. Mais vous êtes trop jeunes pour pouvoir
comprendre ces livres à présent. Cependant je ne
dois pas omettre de vous dire que toutes les fleurs
viennent ou de graines ou d'ognons, ou de petites
racines détachées des grandes, ce qu'on appelle
marcottes.

Aucune de celles qui croissent ici ne viendrait à
l'aventure dans les champs, parce que la terre n'y
est pas assez riche pour elles. Il faut prendre beaucoup de peine pour les faire venir, même dans un
jardin. Le jardinier est obligé de leur donner des
soins continuels. Il faut surtout qu'il n'oublie pas de

les arroser chaque jour. La terre et l'eau sont pour les fleurs ce que la viande et le vin sont pour les hommes. Mais comme elles sont muettes et attachées à une place, elles ne peuvent aller chercher des rafraîchissements, ni les demander. Le Créateur a pourvu à leurs besoins par les douces ondées du printemps, ou le jardinier qu'il instruit répand sur elles, avec son arrosoir, une pluie bienfaisante.

On élève plusieurs plantes curieuses dans des serres chaudes. Elles ne croîtraient pas en plein air dans ce pays, parce qu'elles sont transplantées de pays étrangers où il fait beaucoup plus chaud. Quoique vous soyez d'une constitution plus robuste que les fleurs, si vous étiez obligés d'aller dans un pays où le froid est beaucoup plus vif que dans celui-ci, vous ne seriez pas en état de le supporter comme ceux qui sont nés sous ces climats.

LES CARRIÈRES.

DE ce que je viens de vous dire, mes chers amis,
vous devez conclure qu'il y a une grande variété dans
ce qui croît sur la surface de la terre; mais quelle
serait votre admiration si vous connaissiez tout ce
qu'elle renferme au-dessous! C'est de son sein qu'on
a tiré les grès qui pavent nos rues et nos grands chemins, et ce joli gravier d'un jaune rougeâtre répandu sur les allées pour en bannir l'humidité, et faire
un contraste agréable avec le vert tendre de la char-
mille. La porcelaine et la faïence de notre buffet; la
poterie commune, d'un si grand usage dans la cui-
sine; les briques dont nos appartements sont carre-
lés; les tuiles qui couvrent nos toits; tout cela n'est
que de la terre, d'une pâte plus ou moins fine, pétrie
et cuite au four. Nos verres et nos bouteilles, les

2..

vitrages de nos fenêtres, sont du sable fondu. Vous
avez vu quelquefois dans vos promenades bâtir des
maisons? Eh bien, la chaux, le mortier, le plâtre,
le ciment qu'on a mis entre les pierres pour les lier
ensemble et les affermir, venaient du sein de la terre :
ces pierres elles-mêmes, entassées les unes sur les
autres jusqu'à une si grande élévation au-dessus de
nos têtes, étaient ensevelies à de grandes profondeurs
sous nos pieds. Il en est de même du marbre qui
pare nos consoles et nos cheminées, et l'ardoise qui
couvre nos pavillons. Les endroits creusés pour en
retirer ces divers matériaux s'appellent carrières.

MINES DE CHARBON ET DE SEL.

IL est des pays où, en creusant à certaines profondeurs, on trouve dans une espèce de carrière appelée mine le charbon de terre que vous avez vu souvent à la porte du serrurier notre voisin. Il n'est
guère d'usage à Paris que pour les forges; mais il
sert dans plusieurs provinces de France, ainsi que
dans des royaumes entiers, à faire le feu de la cui-
sine et celui des appartements.

Le charbon de bois ne vient point dans la terre;
mais il s'y fait dans de grandes fosses, où l'on jette

du bois pour le faire brûler. Lorsqu'il est bien en-
flammé, on le couvre afin de l'éteindre, avant qu'il
soit au point de se réduire en cendres.

Il est aussi des mines de différentes espèces de sel,
qu'il est utile de vous nommer encore. Je ne vous
parlerai que du sel commun. En quelques endroits le
sel de ces mines est si dur qu'on peut le tailler
comme le marbre et en faire des statues. Ce qu'il y
a de singulier, c'est que le feu le fait fondre encore
plus vite que l'eau. Le sel nous vient plus communément de l'eau de mer qu'on fait entrer dans une espèce de bassin peu profond et qu'on laisse évaporer
au soleil. Quand l'eau est toute évaporée, le sel reste en croûte dans ces bassins qu'on appelle salines.

MINES DE MÉTAUX.

Je ne vous ai pas dit la moitié des richesses qui
se trouvent dans les entrailles de la terre : on en tire
l'or, l'argent, le cuivre, le fer, le plomb et l'étain.
C'est ce qu'on appelle métaux.

Regardez ma montre ; elle est d'or, ainsi que les
louis, les doubles louis, et les demi-louis. On peut
battre l'or, et l'étendre en feuilles plus minces que le
papier. L'espagnolette de mes croisées, les sculptures

de mon salon, les chenets de mon foyer, ne sont pas
d'or, quoique vous ayez pu l'imaginer ; on n'a fait que
les couvrir de ces feuilles d'or légères. L'or est le
plus précieux de tous les métaux.

L'argent, quoique inférieur à l'or, est cependant
très estimé. Cet écu et ces petites pièces de monnaie
sont d'argent. On l'emploie aussi pour les flambeaux,
la vaisselle plate et une infinité d'autres ustensiles
dont les gens riches font usage. L'argent couvert
d'une feuille d'or s'appelle vermeil.

Le cuivre sert à faire les sous, les centimes et toute
la basse monnaie. On l'emploie aussi ordinairement
pour faire nos poêlons, nos casseroles et nos chau-
dières. Mais l'usage en serait très dangereux si l'on
n'avait pas la précaution de les doubler d'étain en
dedans ; ce qu'on appelle étamer.

Le fer est le métal le plus commun, mais le plus
utile. La plupart des instruments dont on se sert
pour la culture de la terre et pour les différents mé-
tiers sont de fer. L'acier est une espèce de fer raffiné
et purifié dans la trempe par le mélange de quelques
ingrédients. Les couteaux, les rasoirs, les aiguilles,
sont d'acier.

Le plomb est aussi d'un très grand usage. Vous
savez combien il est pesant. On en fait des réservoirs
pour contenir l'eau, des tuyaux pour l'amener des
sources, des gouttières pour ramasser la pluie qui
dégoutte des toits, et la conduire hors de la maison.
On en fait aussi des poids pour les balances, les
tourne-broches et les horloges.

L'étain est un métal blanchâtre plus mou que l'argent, mais plus dur que le plomb. Il sert à faire des bassins, des écuelles, des assiettes et des cuillers pour les gens qui n'ont pas le moyen d'en avoir d'argent.

Tous ces différents métaux se trouvent en mines dans la terre. On y trouve aussi ce qu'on appelle demi-métaux, tels que le vif-argent dont on couvre le derrière des miroirs, le zinc, l'antimoine, etc., que l'on mêle avec les métaux, pour en faire des métaux composés, comme le laiton, le bronze, etc.

MINES DE PIERRES PRÉCIEUSES.

C'est encore dans la terre que l'on trouve les pierres précieuses, telles que le diamant qui est proprement sans couleur, le rubis qui est rouge, l'émeraude qui est verte, le saphir qui est bleu. Je ne vous parle que des principales, parce que le détail en serait trop long. Elles ne paraissent point si brillantes lorsqu'on les tire de la mine. Il faut autant de patience que de travail pour les tailler et les polir. Regardez les diamants de cette bague : vous voyez qu'ils sont taillés à plusieurs facettes : c'est afin que la lumière, se réfléchissant d'un plus grand nombre de points, leur donne plus d'éclat.

Il est une espèce de caillou que l'on taille aussi en forme de diamant, pour en garnir des boucles et des colliers; mais il est bien loin d'avoir le même feu. On le reconnaît à sa transparence plus terne. C'est ce qu'on appelle pierres fausses.

Vous voyez, mes amis, qu'il n'est pas une seule chose qui ne puisse servir à satisfaire agréablement notre curiosité, lorsqu'on sait l'examiner avec attention. Quelle folie de se plaindre de n'avoir rien pour se divertir, lorsqu'on peut trouver de l'amusement dans tous les objets de la nature! Mais si vous êtes fatigués, je pense que vous devez avoir faim; et je crains que notre dîner ne se refroidisse. Ainsi hâtons-nous de gagner la maison. Je vous en ai dit assez pour occuper votre mémoire jusqu'à demain, où je me propose de faire avec vous une autre promenade.

LES BŒUFS.

Bonjour, Charlotte; je ne vous attendais pas de si bonne heure. Je me flatte, par cet empressement, que mes instructions d'hier vous furent agréables. Avez-vous vu Henri ce matin? Allons voir s'il est levé. — Comment, petit paresseux, n'avez-vous pas honte d'être encore au lit? La matinée est charmante. Votre sœur et moi, nous voulons en profiter pour faire une petite promenade. Si vous désirez être de la partie, il n'y a pas de temps à perdre. — Fort bien; vous voilà prêt. Faites votre prière, et partons.

Ne vois-je pas là-bas la laitière qui trait les vaches? Comme ces pauvres animaux paraissent joyeux en paissant dans la verte prairie! J'imagine que l'herbe leur est aussi agréable que les confitures le

seraient pour vous. Voyez de quels bons vêtements
ils sont pourvus! Comme ils ne peuvent pas s'en
faire eux-mêmes, la nature leur en a donné qu'ils
portent sur le dos dès leur naissance, et qui grandis-
sent avec eux.

Tous les animaux qui, comme ceux-ci, ont quatre
pieds, s'appellent quadrupèdes. Ils ne se tiennent
point debout. Cette posture grotesque avec quatre
jambes leur serait en même temps incommode, parce
que leur nourriture est attachée à la terre, et qu'ils
seraient à tout moment obligés de se baisser pour la
prendre; ce qui les fatiguerait terriblement. D'un
autre côté, s'ils n'avaient que deux jambes, ils ne
pourraient guère mouvoir leurs corps, beaucoup
plus pesants que les nôtres. Vous voyez de quelle
dure corne leurs pieds sont armés. Sans cette chaussure naturelle, ils seraient bientôt déchirés jusqu'au
sang. Les grandes cornes pointues qu'ils ont sur la
tête leur servent de défense contre ceux qui voudraient les attaquer.

Savez-vous de quelle grande utilité sont pour nous
les vaches et les bœufs? je vais vous le dire. Ne courez pas, Henri; voyez comme votre sœur est attentive!

Les vaches, ainsi que vous le voyez, donnent du
lait en grande quantité. Il sert à faire de la crème,
du beurre et du fromage. On le met pour cela reposer
dans de grandes jattes. Quelques heures après, la
crème épaissie s'élève au-dessus. On tire cette cou-

che avec de grandes cuillers, et il s'en forme bientôt une seconde que l'on tire de même. Lorsqu'on l'a recueillie, on la met dans une espèce de petit tonneau, qu'on appelle baratte, et on la remue fortement avec un battoir passé dans le trou du tonneau, jusqu'à ce que, à force de s'épaissir, elle devienne du beurre. Le reste est du lait de beurre, qui est très bon pour les enfants.

Le fromage mou et toutes les autres espèces de fromage se font également avec du lait. Je vous mènerai quelque jour dans la laiterie, pour être témoins de ces différentes préparations.

Remarquez bien ce superbe taureau : c'est le bœuf le plus vigoureux de la troupe, et le père de tous ces petits veaux qui tétaient encore leur mère il y a quelques jours, et qui commencent à présent à paître auprès d'elles.

Mais d'où vient ce nuage de poussière sur le grand chemin ? Ah ! c'est un troupeau de bœufs qui passe. N'en soyez point effrayée, Charlotte. Remarquez comme ils souffrent patiemment qu'on les pousse à coups d'aiguillon. Un seul homme suffit à les gouverner, tant ils sont dociles ! Il va les conduire au marché, où les bouchers les attendent pour les acheter. Lorsqu'ils seront tués, leur chair sera vendue à nos cuisinières pour notre dîner, et leurs peaux seront vendues aux tanneurs, qui en feront du cuir nécessaire aux cordonniers pour les souliers et les bottes, et aux selliers pour les selles, les brides et les

harnais. Leurs cornes mêmes ne seront pas inutiles.
On en fera des peignes et des lanternes.

Il est des pays où les bœufs n'ont rien à faire qu'à
s'engraisser paisiblement, pour être conduits ensuite
à la boucherie. En d'autres endroits, leur vie est aussi
laborieuse que celle du cheval. On ne monte pas,
il est vrai, sur leur dos ; mais on en joint deux ensemble de front, on leur attache autour des cornes,
avec de fortes courroies, le timon d'une charrette ou
d'un traîneau, ou le joug d'une charrue ; et on les
voit tirer avec force les fardeaux les plus lourds, et
labourer profondément la terre la plus dure.

LES BREBIS.

REGARDEZ ces innocentes brebis, avec ce fier bélier
à leur tête, et ces jolis agneaux à leur côté. Quelle
paisible famille ! Douces créatures, vous êtes pourvues de bons habits. Ils vous seront d'un grand secours dans l'hiver et dans les nuits fraîches, où vous
êtes obligées de coucher à la belle étoile, au milieu
des champs. Mais ils vous donneraient trop de chaleur dans l'été. Eh bien, ne craignez pas ; on trouvera le moyen de vous en débarrasser sans vous faire
souffrir. Aussitôt que les chaleurs étouffantes seront

venues, le fermier vous réunira toutes ensemble
dans la prairie. Alors de jeunes bergères viendront,
avec de larges ciseaux, vous délivrer adroitement du
poids incommode de votre toison. Vous sortirez de
leurs mains plus légères, et vous courrez sautant et
bondissant comme de petits garçons qui ôtent leurs
habits pour jouer dans la campagne.

La laine des brebis et des moutons est très précieuse. On la vend aux cardeurs, qui la dégraissent;
et les pauvres femmes, qui vivent dans les chaumiè-
res, la filent. N'avez-vous pas vu l'honnête Gothon,
assise devant la porte, chanter de vieilles romances
en tournant son rouet, heureuse de penser qu'on la
paierait assez bien pour l'empêcher de demander
l'aumône?

Lorsque la laine est filée, puis tordue, les bonne-
tiers en font des bonnets ou des bas, et les tisserands
en font des étoffes pour nos vêtements, ou des cou-
vertures pour nos lits dans l'hiver.

Les pauvres moutons ne seraient pas si fringants
s'ils savaient qu'ils doivent être, comme les bœufs,
vendus aux bouchers. Ne pensez-vous pas qu'il est
cruel de tuer ces innocentes créatures? En effet, mes
enfants, c'est une pitié. Mais si l'on n'en tuait pas
quelques-uns, il y en aurait bientôt un si grand nombre qu'ils ne sauraient trouver assez d'herbage pour
subsister, et que plusieurs par conséquent seraient
réduits à mourir de faim. Du moins, tant qu'ils vivent, ils sont aussi heureux qu'ils peuvent l'être. Ils

ont de belles pâtures pour s'y nourrir et y jouer. En marchant à la boucherie, ils ne savent pas encore ce qu'on va leur faire. Lorsqu'on leur coupe la gorge ils ne sont pas longtemps à mourir, et en expirant ils n'ont pas le chagrin de laisser après eux des parents qui s'affligent ou qui souffrent de leur perte.

Nous sommes obligés de les tuer pour soutenir notre vie ; mais nous ne devons jamais être cruels envers eux tant qu'ils sont vivants.

La peau de mouton sert à faire le parchemin qui couvre votre tambour, Henri, et la basane qui couvre votre livre, Charlotte.

LE CHEVAL.

On conduit aussi les chevaux au marché pour les vendre, non pas aux bouchers, mais aux maquignons qui les dressent. Leur chair n'est bonne à rien; elle ne sert qu'à rassasier les loups et les corbeaux. Le cheval est une noble créature.

En voilà un de selle. Voyez comme il se dresse et comme il bondit, maintenant qu'il est en liberté! Mais quoiqu'il soit très vigoureux, qu'il puisse renverser celui qui le monte en s'élevant sur ses pieds de derrière, et le tuer d'une ruade, il est si doux qu'il

se laisse monter et guider où l'on veut. Son corps
étant moins lourd que celui du bœuf, il a les jambes
plus menues, en sorte qu'il se meut plus légèrement ;
et sa croupe étant moins large, un homme peut l'embrasser entre ses genoux. Il a aussi de la corne aux
pieds ; mais, comme il est grand voyageur, elle serait bientôt usée, si l'on n'avait le soin de lui donner des souliers de fer pour empêcher qu'elle ne se
brise. C'est le maréchal qui fait sa chaussure, et qui
la lui attache avec des clous. Cette opération, faite
avec adresse, ne lui cause aucune douleur.

Ne souhaiteriez-vous pas, Henri, de savoir monter à cheval? Lorsque vous serez plus grand, on
vous apprendra cet utile exercice. Mais gardez-vous
bien de l'essayer avant d'en avoir reçu des leçons ;
cette épreuve pourrait vous coûter la vie.

Il y avait un petit garçon de ma connaissance qui
brûlait d'envie de monter à cheval, et qui n'eut pas
la patience d'attendre que son papa lui eût acheté un
joli petit bidet proportionné à sa taille. Il vit un jour
le cheval du domestique attaché à la porte. Le voilà
qui détache la bride, grimpe sur la selle, et donne à
son coursier un grand coup de baguette. Le cheval
part aussitôt au galop, et l'emporte avec tant de vitesse que le pauvre petit malheureux, incapable de
retenir la bride et d'atteindre jusqu'aux étriers, per-
dit bientôt la selle, et fut renversé contre une pierre
qui lui fracassa tout le crâne. Le cheval n'était pourtant point vicieux lorsqu'il avait un cavalier habile

sur son dos; tout le mal venait de ce que le petit insensé ne savait pas le conduire.

Ces deux grands chevaux rebondis, d'une taille
haute et d'une superbe encolure, sont destinés pour
le carrosse. Ils sont plus forts, mais moins légers que
l'autre. Ceux-ci, avec leurs jambes velues et leur crin
négligé, sont des chevaux de charrette. Il y a une autre espèce de chevaux très fins et très légers : ils portent leurs maîtres à la chasse, ou sont réservés pour
les courses ; mais ils sont très coûteux à entretenir.

Nous ne saurions faire à pied un long voyage,
parce que nos jambes seraient bientôt fatiguées; au
lieu que sur le dos d'un cheval nous pouvons parcourir bien des lieues, et voir nos amis qui vivent à une
certaine distance de notre maison. Il est aussi fort
agréable d'aller en voiture, vous le savez bien : mais
ces plaisirs, nous ne pourrions pas nous les procurer
sans les chevaux. Comment nous passer aussi de leur
secours dans une infinité d'autres circonstances? Il
serait excessivement pénible pour les hommes les plus
vigoureux de faire ce que les chevaux ordinaires
font avec facilité. Le pauvre laboureur, qui suit tout
le long du jour sa charrue, est bien fatigué le soir,
lorsqu'il rentre dans sa chaumière. Que serait-ce
donc s'il était obligé de la traîner lui-même à travers
son champ, sur la terre dure et raboteuse? Comment
les voituriers seraient-ils en état de tirer ces grands
fourgons et ces lourdes charrettes qu'ils conduisent,

s'ils n'y employaient la force des chevaux? Puisqu'ils
nous rendent de si grands servičes, ne devons-nous
pas les bien traiter? Je crois que le moins que nous
puissions faire est de leur donner dans le jour une
bonne nourriture, et une écurie bien close la nuit.
Gardons-nous bien d'imiter ces personnes barbares
qui les poussent trop rudement à la course, qui leur
donnent des coups de fouet et d'éperon, jusqu'à ce
qu'ils soient près de mourir. Cependant de pareilles
cruautés sont exercées chaque jour. Souvenez-vous
bien, Henri, qu'il est également cruel et insensé
d'agir de cette manière.

L'ANE.

VOILA un pauvre âne. Il fait une figure bien triste
auprès d'une aussi belle créature que le cheval. Ne le
méprisez pourtant pas à cause de sa mine : il a un
grand mérite, je vous assure. Il est aussi patient
qu'officieux, et il n'en coûte que bien peu pour le
nourrir. Il se contente de quelques chardons qu'il
broute le long des chemins, ou même de quelques
feuilles sèches et d'un peu de son. Il ne demande ni
écurie pour le loger, ni palfrenier pour le panser ; en
sorte que les pauvres gens qui ne sont pas en état de

nourrir un cheval peuvent avoir un âne. Il tirera fort
bien sa petite charrette, ou portera sa paire de paniers. Il ne dédaignera pas même de prêter son dos à
un ramoneur. N'avez-vous pas vu de ces petits savoyards aux dents blanches et à la face noircie, grim-
pés sur un âne avec des sacs de suie, qu'ils portent
aux teinturiers?

Je ne dois pas oublier de vous dire que le lait d'â-
nesse est un des meilleurs remèdes pour les maladies
de poitrine. J'ai vu des personnes si faibles qu'on les
croyait condamnées à mourir, reprendre à vue d'œil
leur santé pour en avoir bu le matin pendant quelque
temps. Ne serait-il pas affreux de traiter avec inhu-
manité des animaux si utiles? Je ne pardonnerai, je
crois, de ma vie, à un petit polisson que j'ai vu tourmenter une de ces pauvres créatures de la manière la
plus cruelle.

LE CHIEN.

Laissez-moi regarder à ma montre. Ho! ho! huit
heures passées. Il est temps de retourner à la maison
pour déjeuner. Voilà Champagne qui venait nous
avertir. Médor est avec lui. Vous êtes bien content de
nous trouver, n'est-ce pas, Médor? Nous sommes

aussi bien aises de vous voir, je vous assure. Vous
êtes un brave et fidèle compagnon. Voyez comme il
remue sa queue, et comme il frétille ! il nous regarde
d'un air si joyeux que l'on croirait démêler un sourire sur sa physionomie. Dans le temps où nous sommes au lit et profondément endormis, Médor fait sentinelle, et ne permet pas aux voleurs d'approcher de
la maison. Lorsque votre papa est à la chasse, Médor
court d'un côté et d'autre à travers les champs, et
fait lever le gibier, pour que votre papa le tire. Quoiqu'il soit très courageux et qu'il exposât sa vie pour
son maître si l'on osait l'attaquer, il est d'un si bon
naturel qu'il laisse les petits enfants jouer avec lui
sans les mordre, pourvu cependant qu'ils ne lui fas-
sent pas de mal.

Le brave Médor ne demande d'autre récompense
de ses services que de petites caresses, une légère
nourriture, et la permission de nous accompagner
quelquefois dans nos promenades. Il mérite bien notre attachement par celui qu'il nous témoigne : aussi
a-t-il été de tout temps le symbole de la fidélité.

LE CERF.

VOULEZ-VOUS traverser le petit parc en retournant
à la maison? J'en ai heureusement la clef. Voyez.

Beautés de la Nature.   3

Henri, ce beau cerf, avec ces cornes rameuses! N'ad-
mirez-vous pas sa taille légère avec son air noble et
fier? Voyez là-bas ces petits faons qui bondissent!
Si leste que vous soyez, je parie que vous ne pourriez jamais cabrioler comme eux.

Cette espèce d'animaux n'est entretenue que par
ceux qui ont des parcs fermés de hautes murailles.
Ils aiment trop l'indépendance pour s'arrêter dans les
champs comme les vaches et les brebis.

Les grands seigneurs prennent souvent plaisir à
chasser le cerf. Ils le lâchent hors du parc, et détachent
à ses trousses une meute nombreuse de chiens. Leurs
aboiements furieux, les cris et le son du cor des pi-
queurs qui les guident, le saisissent d'une telle épou-
vante qu'il se sauve devant eux de toute la vitesse de
ses jambes agiles. Les chasseurs, montés sur des chevaux dressés à cet exercice, se mêlent aussi à la
poursuite; ils sont si animés dans leur course qu'ils
sautent au-dessus des haies et à travers les fossés
pour l'atteindre. Il les conduit quelquefois dans un
circuit immense; mais enfin ses jambes fatiguées re-
fusent de le porter au loin. On le voit haletant de
lassitude et de frayeur s'arrêter tout-à-coup et menacer de ses cornes les chiens dont il est assailli. Après
un long combat, ceux-ci le saisissent, le déchirent,
jusqu'à ce qu'il meure.

Je suppose qu'il y a du plaisir à le suivre et à voir
la légèreté de sa course; mais je pense qu'il faudrait
laisser la pauvre créature retourner dans sa demeure,

pour la dédommager de la terreur qu'elle doit avoir éprouvée, et la payer de l'amusement qu'elle a procuré.

Ces mêmes personnes s'amusent aussi quelquefois à à chasser le lièvre. Elles vont dans les champs avec leurs chiens, qui découvrent bientôt son gîte, quelque adroit qu'il soit à se cacher. Lorsqu'il se voit en danger d'être saisi, il s'élance et court avec toute la légèreté dont il est pourvu, pratiquant dans sa fuite plusieurs ruses pour se sauver. Mais toutes ces ruses sont inutiles. Il succombe enfin d'épuisement, et subit le même sort que le cerf, ou périt sous les traits du chasseur.

Je ne sais quel est le plaisir de la chasse, Henri; mais je souffrirais tant pour la pauvre bête effarouchée que ce sentiment détruirait toute ma jouissance. Il me semble que j'aurais encore plus de joie d'en sauver un de sa détresse.

Maintenant, allons prendre notre déjeuner. Je crois que cette promenade vous le fera trouver bon. Il n'est rien comme l'air et l'exercice pour aiguiser l'appétit.

LE CHAT.

TANDIS que nous déjeunons, j'ai quelques nouvelles à vous dire, Charlotte. Votre favorite Minette
a eu des petits. Ils sont ici dans un panier. Appelez-
la pour laper un peu de lait, et alors nous pourrons
les regarder à notre aise. Entendez comme ils miau-
lent et comme ils tremblottent. Ils ne peuvent pas y
voir encore; mais dans neuf jours leurs yeux seront
ouverts; et alors ils commenceront à faire mille tours
de souplesse. Lorsque leur mère leur aura appris à
attraper les souris, elle les laissera pourvoir eux-
mêmes à leur subsistance; et au lieu de se donner la
moindre inquiétude à leur sujet, elle leur allongera
un bon coup de patte sur le museau, s'ils osaient
prendre des libertés avec elle. Mais elle sera une
bonne mère pour eux aussi longtemps qu'ils auront
besoin de ses secours. Il n'ont pas droit de prétendre
qu'elle leur attrape des souris pendant toute leur
vie, lorsqu'ils seront aussi adroits qu'elle à la
chasse.

Les souris sont de jolies petites créatures; mais
elles font beaucoup de dommage, aussi bien que les
rats. Si nous n'avions pas de chats pour les détruire,
nous en serions bientôt désolés.

LE LION.

Le lion est généralement reconnu comme le roi des animaux. Cette suprématie date de ces temps où la force, le courage et les moyens de répandre au loin la terreur et l'effroi étaient regardés comme les qualités par excellence. Si, comme cela devrait être, l'on eût donné la palme à la douceur, à l'intelligence, la souveraineté des forêts appartiendrait de plein droit à l'éléphant dont l'instinct s'approche de la raison. Cependant on ne peut disconvenir que, de tous les quadrupèdes carnassiers, le lion, par sa construction et par ses mœurs, a les plus justes droits à la dignité qu'on s'est plu de lui accorder. Il n'est pas, comme beaucoup d'autres individus de son espèce, avide de carnage; il est sobre, généreux, et même susceptible d'attachement.

Le lion est originaire de l'Afrique et de l'Asie. Il a quelquefois de six à neuf pieds de long, mais le plus souvent il ne dépasse pas la moitié de cette longueur. Il pousse très loin sa carrière : on connaît des lions qui ont vécu près de soixante et dix ans.

Il a l'air imposant, le regard fier, la démarche noble, une voix terrible : il offre dans tout son ensemble une admirable et savante proportion. Sa force

est telle que d'un seul coup de pied il brise les reins
du cheval, et qu'il terrasse l'homme le plus robuste
d'un coup de queue ; son agilité ne cède en rien à sa
vigueur.

Sa large tête est ombragée d'une épaisse crinière ;
ses yeux sont étincelants, farouches, et sa langue est
armée de pointes qui ressemblent aux griffes du chat.
Le poil de la partie postérieure de son corps est
court et soyeux ; sa couleur est, en général, d'un
jaune pâle sur un fond blanc.

Le rugissement du lion a un tel éclat que, lorsque
dans la nuit il résonne au milieu des montagnes, il
ressemble à un tonnerre qui gronde dans le lointain.
Ce rugissement est un frémissement creux et profond : dans ses accès de rage, il a un autre cri non
moins effrayant, mais court, coupé et réitéré, qu'il
fait toujours entendre quand il trouve de la résistance. Rien n'est plus terrible que le lion lorsqu'il
rassemble toutes ses armes pour le combat. Il se bat
les flancs de sa longue queue ; sa crinière se dresse,
se hérisse et enveloppe entièrement sa tête ; tous
ses muscles sont en mouvement ; ses énormes sour-
cils ne couvrent qu'à demi sa prunelle étincelante ;
il découvre ses dents et sa langue redoutable, et il
allonge ses griffes qui ont presque la longueur du
doigt. Ainsi préparé à la guerre, son approche gla-
cerait d'effroi le plus hardi des hommes. A l'exception
de l'éléphant, du rhinocéros, du tigre et de l'hippopo-
tame, aucun autre animal n'oserait se mesurer avec
lui, et lui disputer l'empire absolu de la forêt.

La lionne est , dans toutes ses dimensions , près
d'un tiers au-dessous du lion , et n'est pas comme
lui parée d'une crinière. Quoique moins forte , et en
général moins farouche que le lion , elle le surpasse
en férocité quand il s'agit de pourvoir à la subsistance
de sa jeune famille. Sa portée est de cinq mois : elle
met ordinairement bas dans les endroits les plus
écartés; dans la crainte que l'on ne découvre sa retraite , elle fait disparaître ses traces en balayant le
sol de sa queue. Dans un danger pressant , elle
change de demeure. Si on l'arrête , elle défend ses
jeunes avec un courage déterminé , et combat jusqu'à la dernière extrémité. Les jeunes , ordinairement au nombre de cinq , au moment de leur naissance sont de la taille d'un petit chien ; ils sont
doux , mignons et folâtres. La mère les nourrit pendant douze mois, et ils n'ont pris leur entière croissance qu'au bout de cinq ans. Dans l'état de capti-
vité , la lionne ne produit jamais plus de deux lion-
ceaux.

LE TIGRE.

Si la beauté seule donnait la supériorité , le tigre ,
que les anciens considéraient comme le paon des
quadrupèdes , jouirait incontestablement du premier

rang parmi les grands animaux. Mais cette beauté fait son seul mérite; et quand on a parlé de ses couleurs éclatantes, de sa souplesse, de son agilité, il ne reste plus rien à dire en sa faveur.

Il est plus grand que le lion, qu'il ne craint pas d'attaquer; mais il n'a aucune des nobles qualités de son rival. Il se plaît dans le carnage, et semble ne tuer que pour le plaisir de verser du sang. Il est d'une telle vigueur qu'il emporte un cheval ou un buffle, sans que la rapidité de sa course paraisse se ressentir d'un tel poids. On l'a même vu enlever d'une fondrière un buffle que plusieurs hommes réunis n'avaient pu seulement soulever.

La manière dont il attaque sa proie consiste ordinairement à se cacher et à s'élancer soudainement sur sa victime. L'on prétend que s'il manque son coup, ou qu'il rencontre quelque obstacle inattendu, il se retire sans faire un nouvel essai.

Il exprime son ressentiment de la même manière que le lion : faisant mouvoir la peau de sa face, grinçant les dents, et criant dans les tons les plus effroyables. Sa voix diffère cependant de celle du lion; c'est plutôt un cri qu'un rugissement : on le dit affreux lorsqu'il s'élance sur sa proie.

La femelle produit quatre ou cinq jeunes à la fois; si on les lui enlève, elle poursuit les ravisseurs avec une rage inconcevable. Ceux-ci, pour en sauver une partie, lui en lâchent ordinairement un qu'elle emporte précipitamment dans son antre, puis revient à leur poursuite ; ils lui en lâchent alors un second ; et tandis qu'elle se sauve avec lui, ils parviennent ordinairement à s'échapper avec le reste.

Les îles marécageuses de l'Inde et du Gange renferment un grand nombre de tigres ; ils sont aussi fort communs sur les bords de l'Arabie et dans quelques autres parties de l'Asie orientale. Leur fourrure est très estimée dans tout l'Orient : elle est moins recherchée en Europe, où on lui préfère celle de la panthère et du léopard.

LA PANTHÈRE.

La panthère ressemble au tigre par ses mœurs et au léopard par sa robe. Comme le tigre, elle est toujours altérée de sang, et d'une férocité indomptable; comme le léopard, sa robe est mouchetée, mais avec moins d'élégance. La panthère a ordinairement cinq ou six pieds de long, non compris la queue qui est longue de plus de deux pieds. Son poil est court et velouté ; sa robe est d'un jaune clair, élégamment mouchetée de taches blanches disposées en cercles de quatre ou cinq, avec une seule tache dans le centre. Vers la poitrine et sous le ventre, elle est blanche; elle a les oreilles courtes et pointues, les yeux farouches et continuellement agités, un cri fort désagréable, et l'aspect sauvage.

3..

Ses mouvements sont si rapides que peu d'animaux peuvent lui échapper. Elle est d'une telle agilité que les arbres ne sauraient l'arrêter dans la poursuite de sa proie, et qu'elle est pour ainsi dire sûre de s'emparer de sa victime. La chair des animaux passe pour faire sa nourriture favorite ; mais lorsqu'elle est pressée par la faim, elle attaque l'homme sans distinction.

Il paraît que du temps des Romains les panthères étaient fort communes; aujourd'hui l'espèce s'étend depuis la Barbarie jusqu'aux côtes les plus reculées de la Guinée.

LE LÉOPARD.

CET animal a près de quatre pieds de long, non compris la queue, qui est ordinairement de deux pieds et demi. Sa robe est bien plus belle que celle de la panthère; elle est d'un jaune plus brillant, et les taches ne sont pas disposées en cercles, mais en groupes de quatre ou cinq points, qui offrent une grande ressemblance avec les traces que les pieds des animaux impriment sur le sable. Le léopard se plaît dans les forêts, et n'épargne pas plus l'homme que les bêtes. Il est originaire du Sénégal, de la Guinée et des parties intérieures de l'Afrique. On le ren-

contre aussi dans quelques parties de la Chine, et dans
les montagnes du Caucase, depuis la Perse jusque
dans l'Inde.

L'ONCE.

L'ONCE est d'une taille plus petite que la panthère,
et dépasse rarement trois pieds et demi de longueur.
Son poil cependant est plus long que celui de la
panthère ; il en est de même de sa queue. La partie
supérieure de son corps est d'une teinte blanchâtre,
la partie inférieure d'un gris cendré ; il est partout
moucheté d'un grand nombre de taches blanches irré-
gulières. Ses dents et ses griffes sont aiguës.

L'once habite la Barbarie, la Perse, l'Hyrcanie et
la Chine. Les Orientaux le domptent et l'exercent à
la chasse du lion et de l'antilope. Il ne lui faut que
cinq ou six bonds pour s'assurer de sa proie.

La panthère, le léopard et l'once étaient ancien-
nement consacrés à Bacchus.

LE LYNX.

LE lynx habite les parties les plus septentrionales
de l'Europe, de l'Asie et de l'Amérique ; il a quatre

pieds de longueur : la queue, bien moins longue que dans la panthère, n'a guère plus de six pouces de long. Il a les oreilles droites avec un pinceau de longs poils noirs au bout. Vers la partie supérieure du corps, sa robe est d'un vert pâle tirant sur le rouge, et mouchetée de petits points d'un brun sombre : sous le ventre il est blanc. Il grimpe sur les arbres les plus élevés de la forêt, et s'y tient caché entre les branches pour épier la belette, l'hermine, l'écureuil, etc. Il commet de grands dégâts parmi les troupeaux, et détruit fréquemment un grand nombre de lièvres et de bêtes fauves. Sa vue est tellement perçante que les anciens lui attribuaient la faculté de voir à travers les pierres des murs ; mais on ne peut dire s'il distingue sa proie à une distance beaucoup plus grande que tout autre carnivore.

LE SERVAL.

Le serval est un joli quadrupède, mais sauvage et vorace. Il ressemble à la panthère par sa robe mouchetée, et au lynx par sa courte queue, par sa taille et par ses formes fortement dessinées. On le voit rarement à terre; il se tient constamment sur les arbres. Il se nourrit principalement d'oiseaux : il saute à leur poursuite d'arbre en arbre avec toute la souplesse de l'écureuil. Il est originaire des montagnes de l'Inde.

LE CHAT SAUVAGE.

Le chat sauvage ne serait pas mal nommé le tigre anglais. C'est le plus féroce et le plus destructif de nos animaux. Sa tête est plus large , ses cuisses sont plus fortes que celles du chat domestique qu'il surpasse d'ailleurs pour la taille. La longueur du poil le fait paraître plus grand et plus gros qu'il n'est en effet. Sa couleur est d'un jaune pâle, verdâtre, nuancé de bandes sombres; celles du dos vont en sens longitudinal, et celles des côtés en sens transversal et dans une direction courbe. La queue est coupée en anneaux cendrés. On le trouve dans les parties montagneuses de l'Ecosse et de l'Irlande , et dans les forêts qui bordent les lacs de l'Angleterre septentrionale. Il est dangereux pour les chasseurs de ne pas le tuer du premier coup. S'il n'est que légèrement blessé , il devient un agresseur redoutable, et ses assaillants payent souvent fort cher leur maladroite intrépidité. La femelle met ordinairement bas quatre petits à la fois.

L'ÉLÉPHANT.

L'ÉLÉPHANT est le plus grand des animaux qui vivent sur la terre. Sa force est prodigieuse ; mais son naturel est très doux, et il se laisse aisément gouverner par la voix de l'homme.

Il porte sur le museau une grande masse de chair qu'on appelle trompe, parce qu'elle est creuse et allongée comme une trompette. Il l'étend et la recourbe de mille manières, et s'en sert comme d'une espèce de main pour prendre sa nourriture et la porter à sa gueule. Il la manie avec tant d'adresse qu'il parvient à déboucher une bouteille, et ramasser à terre la moindre pièce de monnaie. Elle est assez forte pour soulever de grosses pierres et déraciner des arbres.

Nous lisons dans l'histoire que c'était autrefois l'usage d'employer les éléphants dans les batailles. Ils portaient sur leur dos de petites tours de bois remplies de soldats, qui, de cette hauteur, lançaient au loin des traits et des javelots. Quand le combat s'animait, l'éléphant, harcelé par l'ennemi, entrait en fureur, enfonçait les rangs, et écrasait sous ses pieds tous ceux qui osaient lui disputer le passage.

Voudriez-vous monter sur un éléphant, Henri ?

Certes vous y feriez une aussi belle figure que la poupée de Charlotte sur un grand cheval.

Les dents de l'éléphant ont quelquefois plus de dix pieds de longueur. Ce sont elles qui nous fournissent tout l'ivoire employé à faire quelques-uns de vos bijoux, vos peignes, le manche de votre couteau, et une infinité d'autres ustensiles.

LE RHINOCÉROS.

LE rhinocéros est originaire de l'Inde, de Ceylan, de Java, de Sumatra, et de quelques parties de l'Ethiopie.

Il a ordinairement près de douze pieds de long, presque autant de diamètre, et cinq à sept pieds de haut. Aucun animal n'est aussi singulièrement construit. Sa tête est pourvue d'une corne dure et solide, qui s'avance depuis le mufle, et a quelquefois trois pieds de long. Sans cette difformité, cette partie ressemblerait à la tête du porc.

Sa lèvre supérieure est d'une longueur disproportionnée ; elle est flexible et lui sert à ramasser ses aliments et à les porter dans sa gueule. Ses oreilles sont larges, droites et pointues ; ses yeux petits et perçants. Sa peau est nue, âpre, et, excepté sous le ventre, recouverte d'une sorte de cuirasse tellement épaisse et dure, qu'elle résiste au tranchant du sabre et à la balle du fusil. Cette cuirasse est d'un brun sale, elle est étendue sur le corps en forme de lames, mais d'une manière toute particulière. Le ventre est tombant ; les jambes sont courtes, fortes et épaisses, et ses griffes sont partagées en trois parties, dont chacune s'avance en pointe.

La corne de cet animal est une arme redoutable, et placée de manière à faire des blessures mortelles. L'éléphant, le sanglier et le buffle ne peuvent porter leurs coups que de côté; mais le rhinocéros peut, à chaque coup qu'il donne, user de toutes ses armes, circonstance qui le rend plus redoutable au tigre qu'aucun autre animal. Cependant, si on ne l'attaque pas, le rhinocéros est d'un naturel calme et paisible.

Il y a un animal de cette espèce, appelé rhinocéros à double corne, dont la peau diffère de celle du précédent : elle est moins dure; et au lieu des plis larges et régulièrement dessinés du premier, elle est seulement plissée par de grosses rides au cou, aux épaules et à la croupe; de manière qu'en la comparant à celle du rhinocéros ordinaire, elle pourrait passer pour très lisse et douce.

La différence principale cependant consiste dans le mufle, qui est fourni de deux cornes de différentes grandeurs ; la plus petite est au-dessous de l'autre. Ils sont tous deux herbivores.

L'OURS.

Les trois espèces principales de la famille de l'ours sont celles de l'ours commun ou brun, de l'ours noir ou d'Amérique, et de l'ours blanc ou Polonais. La première est la plus nombreuse et la plus répandue; on la rencontre dans différentes parties de l'Europe et dans les Indes Orientales.

L'ours brun est un animal solitaire. Il se tient dans les cavernes, les précipices, et choisit le plus souvent pour son gîte le tronc d'un arbre. Il passe plusieurs mois de l'hiver sans autres provisions que les restes de sa chasse pendant l'été. La femelle met ordinairement bas dans la cavité d'un roc, et ne produit qu'en hiver.

L'ours noir est commun dans les parties septentrionales de l'Amérique, d'où il fait de fréquentes excursions vers le sud, à la recherche de sa subsistance. Ils se retirent ordinairement dans le tronc d'un vieux cyprès. Les chasseurs ont recours au feu pour les chasser de leur gîte. Le vieux se montre le premier, et reçoit les premiers coups; les jeunes, à mesure qu'ils s'avancent, sont pris dans les piéges, et on les emmène ou on les tue. Les pieds et les jarrets passent pour une chair exquise.

L'ours blanc, ou de Groënland , diffère beaucoup
des deux précédents dans les dimensions de son
corps ; et quoiqu'il conserve la forme extérieure de
l'espèce méridionale , sa taille est trois fois plus
haute. Il atteint souvent près de douze pieds de long :
sa férocité répond à sa grosseur. On l'a vu attaquer
un matelot et le dévorer en présence de ses camarades. Il vit principalement de poisson , de veau marin
et de baleine morte. Il s'éloigne rarement des côtes;
cependant les glaçons le transportent quelquefois en
pleine mer, et le promènent jusque vers l'Islande,
où il n'est pas plutôt arrivé que les naturels s'em-
pressent de l'accueillir les armes à la main.

LE CHAMEAU.

Le chameau est une autre grande créature. Nous
n'en avons point dans ce pays, si ce n'est ceux que
l'on y amène à dessein de les montrer dans les rues
pour de l'argent.

Au milieu des contrées où vivent les chameaux , il
y a de vastes déserts sablonneux où l'on ne trouve
ni une hôtellerie pour se reposer, ni même un arbre pour se mettre à l'abri des traits brûlants du
soleil. Cependant les marchands sont dans la néces-

sité de traverser ces sables arides , pour porter les
marchandises qu'ils veulent vendre d'une contrée à
l'autre. Il leur serait impossible de traîner eux-
mêmes de si lourdes charges ; et les chevaux dont ils
pourraient faire usage seraient réduits à périr de soif,
parce qu'on ne trouve point d'eau sur la route. Le
chameau se charge des fardeaux les plus pesants,
les porte avec autant de patience que de légèreté ,
et ne demande point de rafraîchissement dans sa
marche. Lorsqu'il est parvenu au terme du voyage ,
il s'agenouille de lui-même, afin que son maître
puisse atteindre à la hauteur de son dos pour le décharger.

Je pourrais vous dire des choses étonnantes d'une
quantité d'autres animaux ; mais j'espère que vous
aurez assez de curiosité pour vous instruire un jour ,
dans des livres d'histoire naturelle , de tout ce qui
les concerne.

LE LOUP.

On trouve des loups dans presque toutes les parties
tempérées et froides du globe. Ils étaient très nombreux en Angleterre , mais la race y est entièrement
éteinte depuis longtemps : ce n'est cependant que

vers la fin du dix-septième siècle que le dernier loup
a été tué en Ecosse. Cet animal, depuis l'extrémité de
son museau jusqu'à l'origine de sa queue , a près de
trois pieds de long, et sa hauteur est d'environ deux
pieds cinq pouces. Sa couleur offre un mélange de
noir , de brun et de vert; la cavité de l'œil est percée
obliquement , l'orbite incliné.

La couleur de ses paupières est d'un vert clair ,
ce qui lui donne un air sauvage et effrayant. Le fumet
du loup est si puant et sa chair si mauvaise, que
tous les autres animaux la rebutent.

Le nature a pouvu le loup de force , d'adresse ,
d'agilité, et de tout ce qui lui est nécessaire pour la
poursuite , l'attaque et la conquête de sa proie. Il est
naturellement lent et lâche; mais quand il est poussé
par la faim , il brave le danger, et ose venir attaquer
les animaux qui sont sous la protection de l'homme ,
comme les brebis , les moutons , et même les chiens.

Tourmenté par une faim excessive , il exerce de
grands ravages. Il attaque les femmes , les enfants ,
quelquefois même il ose se jeter sur l'homme : ses
violents et continuels efforts ajoutent à sa fureur , et
il termine sa vie dans des accès de rage.

Le temps de la gestation est d'environ quatorze semaines ; la louve produit ordinairement cinq à six
jeunes à la fois : elle les nourrit pendant quelque
temps , et cherche à leur faire aimer la chair , qu'elle
leur sert en la goûtant d'abord elle-même. Elle leur
apporte aussi de jeunes lièvres et des oiseaux qu'elle

déchire devant eux. Quand les louveteaux ont atteint
six semaines ou deux mois, leur mère les conduit
près du tronc de quelque arbre où l'eau s'est amas-
sée, ou bien près de quelque étang du voisinage, et
leur apprend à boire ; mais à la moindre apparence
de danger, elle les cache dans le premier repaire
venu, ou bien les porte sur son dos vers sa tanière.
Elle les entretient ainsi jusqu'à ce qu'ils aient atteint
leur douzième mois et qu'ils aient complété leur den-
tition ; alors elle les abandonne, les jugeant assez
forts pour se suffire à eux-mêmes.

LE RENARD.

LE renard naît dans presque toutes les parties du
globe. Il est plus petit que le loup et n'a guère plus
de deux pieds trois pouces de long. Sa queue et com-
parativement plus longue et plus épaisse ; il a le museau moins long et le poil plus doux. Ses yeux sont
obliques comme ceux du loup, mais ils ont une singulière expression. Sa tête est large en proportion de
sa taille ; son fumet, comme celui de toute l'espèce,
exhale une odeur détestable.

Cet animal est fameux par ses ruses et son adresse:
sa grande réputation est bien fondée. Il établit ordi-

nairement son domicile sur la lisière des bois, dans
le voisinage de quelque ferme. S'il parvient à pénétrer dans une basse-cour, il égorge toute la volaille,
se charge d'une partie des dépouilles, court la déposer à quelque distance, puis revient à la charge,
emporte une autre partie, et va la déposer de même,
mais avec la précaution de changer le lieu du dépôt.
Il répète ce manége à plusieurs reprises, jusqu'à ce
que l'approche du jour ou le réveil des domestiques
l'avertisse qu'il est temps de songer à la retraite.
Lorsqu'il trouve des oiseaux pris dans le piége, il les
dégage adroitement de leurs liens, les emporte dans
son terrier, les garde trois ou quatre jours, et n'oublie pas dans ses courses le trésor qu'il tient en réserve.

Il est grand amateur de nids d'oiseaux, attaque les
perdrix et les cailles quand elles couvent, prend les
jeunes lièvres et les lapins, et détruit une grande
quantité de gibier. Sa gourmandise s'accommode de
tout. Quand il est pressé par la faim, il prend des
rats, des souris, des serpents, des crapauds, des lé-
zards, des insectes, et se contente même de végétaux.
Les renards qui vivent près des côtes de la mer se
nourrissent de toutes sortes de coquillages. Le hé-
risson oppose en vain à ce gourmand déterminé sa
boule armée de pointes; ni la guêpe, ni l'abeille ne
peuvent se garantir de ses déprédations; si parfois
elles le forcent à une retraite momentanée, il revient
bientôt à la charge, se roule à terre, et les force
enfin à lui abandonner leurs précieux rayons.

La femelle produit une seule fois par an, et sa portée est rarement de plus de quatre ou cinq jeunes.
Elle leur prodigue beaucoup de soins. Au moindre
soupçon que sa retraite a été découverte pendant son
absence, elle emporte ses jeunes rejetons l'un après
l'autre dans sa gueule, et va à la recherche d'un gîte
qui lui offre plus de sécurité.

LE CHEVREUIL.

A ne considérer que l'élégance de la forme , la vivacité de ses dispositions, et le gracieux de ses mouvements , le chevreuil l'emporte sur le cerf et sur le
daim. C'est la plus petite des bêtes fauves de l'Angleterre , et l'espèce en est presque détruite dans l'île ;
le peu qui en reste se trouve confiné dans les montagnes d'Ecosse. Sa hauteur jusqu'aux épaules a près
de deux pieds et demi ; ses cornes ont de six à huit
pouces de long; elles sont fortes, droites, et divisées
à leur extrémité en trois pointes ou branches. La
longueur du chevreuil dépasse rarement trois pieds.
Il est très vif et a le nez très fin.

Dans sa manière d'éluder les poursuites des chiens,
il déploie plus de sagacité que le cerf. Au lieu de
continuer sa course en avant , il confond ses traces

en revenant lui-même sur ses pas , et en faisant d'é-
normes bonds de côté , ou en se tenant droit et immobile, tandis que les chiens et les hommes passent
à côté de lui.

Les chevreuils diffèrent essentiellement de toutes
les autres bêtes fauves par leurs mœurs. Ils ne vivent
point par troupes , mais par familles ; la plus grande
constance préside à leurs amours. Chaque mâle habite avec sa femelle favorite et un de ses jeunes , et
n'admet aucun étranger dans sa petite société. La femelle porte au plus haut point l'affection et la solli-
citude maternelle ; mais aussi ses jeunes sont exposés à de nombreux ennemis. Elle met bas deux faons,
ordinairement un mâle et une femelle.

Dans la Grande-Bretagne, on ne connaît que deux
variétés de chevreuils; la rouge qui est la plus grande,
et la brune qui est un peu plus petite; mais en Amérique, où la race est très nombreuse, les variétés sont
en égale proportion.

LE VAUTOUR.

Parmi la classe de ces oiseaux, le vautour doré, l'aquilin ou vautour d'Egypte, celui du Cap et du Brésil, occupent le premier rang. Ils ont tous la même indolence, la même voracité, et exhalent tous une odeur rebutante. Le vautour doré, si nous en exceptons le condor, se place à la tête de l'espèce ; il est long d'environ quatre pieds et demi, depuis l'extrémité du bec jusqu'à la queue, et pèse ordinairement quatre ou cinq livres. La tête et le cou sont couverts d'un poil épais ; le cou est entouré d'une peau rouge qui, dans l'éloignement, donne à l'oiseau l'apparence du coq-d'Inde. Les yeux sont plus avancés que ceux de l'aigle. Tout le plumage est cendré, nuancé de rouge et de jaune ; les jambes sont d'une forte couleur de chair, et les ongles sont noirs. L'aquilin mâle est entièrement bleu, à l'exception des plumes du tuyau qui sont d'un noir grisâtre. Le vautour du Cap offre une grande ressemblance avec cette dernière espèce; mais sa tête est d'un bleu brillant, couvert d'un jaune sombre, et son plumage tient en quelque chose de la couleur du café.

Le vautour se trouve communément dans plusieurs parties de l'Europe et de l'Egypte, dans l'Arabie, dans beaucoup d'autres royaumes de l'Asie et de l'Afrique, où on en voit un grand nombre.

En Egypte, et particulièrement au grand Caire, ils forment de grandes troupes, qui rendent aux habitants un service très important, en les débarrassant des chairs mortes qui finiraient par infecter l'air. Les anciens Egyptiens savaient tellement apprécier les services de ces oiseaux que le meurtre d'un vautour était considéré comme un crime capital.

Dans le Brésil, ces oiseaux ne sont pas d'une moindre utilité; ils arrêtent la dangereuse multiplication des crocodiles. La femelle des crocodiles pond souvent ses œufs au nombre d'un à deux cents, sur les bords d'une rivière, et les couvre soigneusement de sable pour les soustraire aux yeux des autres animaux. Dans le même temps plusieurs vautours suivent ses mouvements à travers les branches d'un arbre voisin; à son départ, ils s'encouragent l'un l'autre par de hauts cris, fondent sur les lieux, dépouillent les œufs de leurs coquilles, et les dévorent en peu d'instants. En Palestine, ils rendent des services infinis, en détruisant les nombreux essaims de rats et de souris qui, si on ne les arrêtait pas, dévoreraient tous les fruits de la terre.

Les vautours font leur aire sur les rochers les plus éloignés et les plus inaccessibles, et ne produisent qu'une fois par année. Ceux d'Europe descendent rarement dans la plaine, excepté lorsque les rigueurs de l'hiver ont banni de leur retraite naturelle tous les êtres vivants. Ils peuvent endurer la faim pendant un très long espace de temps. Leur chair est maigre et rebutante.

L'AIGLE.

L'AIGLE occupe parmi les oiseaux le même rang que le lion parmi les quadrupèdes. Buffon a établi entre eux un parallèle où il déploie son éloquence ordinaire. « L'aigle, dit-il, a plusieurs convenances avec » le lion : la magnanimité ; il dédaigne également les » petits animaux et méprise leurs insultes. Ce n'est » qu'après avoir été longtemps provoqué par les cris » importuns de la corneille et de la pie que l'aigle » se détermine à les punir de mort. Il ne veut d'autre » bien que celui qu'il conquiert, d'autre proie que » celle qu'il prend lui-même : la tempérance ; il ne » mange presque jamais son gibier en entier, et laisse,

» comme le lion, les débris et les restes aux autres
» animaux. Quelque affamé qu'il soit, il ne se jette
» jamais sur les cadavres. Il est encore solitaire
» comme le lion, habitant d'un désert dont il défend
» l'entrée et la chasse à tous les autres oiseaux ; car
» il est peut-être encore plus rare de voir deux paires
» d'aigles dans la même portion de montagne, que
» deux familles de lions dans la même partie de forêt.
» Ils se tiennent assez loin les uns des autres pour
» que l'espace qu'ils se sont départi leur fournisse une
» ample subsistance ; ils ne comptent la valeur et l'é-
» tendue de leur royaume que par le produit de la
» chasse. L'aigle a de plus les yeux étincelants et à
» peu près de la même couleur que ceux du lion ,
» les ongles de la même forme , l'haleine tout aussi
» forte , le cri également effrayant. Nés tous deux
pour le   combat et la proie, ils sont également en-
» nemis de toute société, également fiers et difficiles
» à réduire. On ne peut les apprivoiser qu'en les pre-
» nant tout petits. »

Ce parallèle est de la plus grande exactitude,
abstraction faite cependant de ce qui regarde la voix
de l'aigle qui est un fausset perçant dépourvu de grandeur , tandis que la voix du lion est une basse profonde et épouvantable.

De toute cette espèce, l'aigle doré est le plus grand
et le plus majestueux. Il a trois pieds de long, et l'en-
vergure de ses ailes, d'une extrémité à l'autre, est de
sept pieds et demi. Il pèse quatorze livres.

La tête et le cou sont couverts de plumes aiguës
d'un brun sombre, bordé de tan ; tout le corps est
également d'un brun cendré ; la queue est brune,
irrégulièrement nuancée d'une couleur cendrée
obscure ; le bec est d'un bleu sombre, et les yeux
couleur de noisette. Les jambes sont jaunes, fortes,
et couvertes de plumes jusqu'aux pieds ; les doigts
sont armés de formidables serres.

Des rochers élevés, des ruines de châteaux solitaires, des tours isolées, voilà les places que l'aigle
doit choisir pour sa demeure. Les nids des oiseaux
sont ordinairement creux ; l'aire de l'aigle est plate.
La base consiste en perches de cinq à six pieds de
long appuyées par les deux bouts et traversées par des
branches recouvertes de lits de joncs et de bruyères.
Elle forme un carré d'environ deux verges, et sert à
l'oiseau, dit-on, pour toute sa vie. La femelle pond
ses œufs en trente jours ; elle n'en pond jamais plus
de deux ou de trois. L'aigle peut être apprivoisé s'il
est pris jeune. Mais dans la domesticité même il conserve ses mauvaises inclinations; il n'est pas prudent
de l'irriter, car telle est sa force que presque aucun
quadrupède ne peut se mesurer avec lui, et on l'a
même vu tuer un homme d'un coup de son aile. L'aigle est d'une très grande longévité : on a la certi-
tude qu'un aigle a été gardé en prison pendant tout
un siècle. Il peut supporter la privation de nourriture pendant près de trois semaines ; degré d'absti-
nence dont très peu d'autres animaux sont capables.

LE HIBOU.

On connaît près de cinq espèces de hiboux ; mais
nous ne parlerons ici que de trois espèces : du grand-
duc, de l'effraie et de la chouette. On a dit avec raison
que le hibou est au faucon ce qu'est la mouche au
papillon, puisque, à proprement parler, le hibou ne
chasse que de nuit, tandis que le faucon ne poursuit
jamais sa proie que de jour. La tête du hibou est
ronde, assez semblable à celle du chat, avec lequel
le hibou a d'ailleurs une grande affinité dans la
guerre destructive qu'il fait aux rats. Les yeux du hibou sont aussi formés comme ceux du chat, et plus
propres à voir dans les ténèbres qu'en plein jour.
Durant l'hiver, le hibou se retire dans le tronc des
vieux arbres ou dans les tours en ruines. Il dort
pendant les rigueurs de la saison. Dans quelques pays,
on a la simplicité de regarder le hibou comme un
oiseau de mauvais augure : cependant les Athéniens
l'honoraient autrefois, et en faisaient l'oiseau favori
de Minerve.

Le grand-duc est originaire d'une grande partie
de l'Europe, de l'Asie et de l'Amérique. Il se tient
dans des rochers inaccessibles et les places les plus

désertes. Il égale pour la taille quelques aigles. Il a
la vue plus forte qu'aucun autre de son espèce, et
chante quelquefois de jour. Il est très attaché à ses
jeunes : quand on les lui enlève, il les pourvoit assi-
dûment de pâture, ce qu'il exécute avec une telle sagacité, une telle discrétion, qu'il est presque impossible de le prendre sur le fait.

On distingue aisément le duc à sa grosse figure, à
son énorme tête, aux larges et profondes cavernes
de ses oreilles, aux deux aigrettes qui surmontent
sa tête, à son bec court, noir et crochu, à ses grands
yeux fixes et transparents, à sa face entourée de poils
ou plutôt de petites plumes blanches, à ses ongles
noirs, très forts et très crochus, à son cou très court,
à son plumage d'un roux brun, tacheté de noir et de
jaune sur le dos, et de jaune sous le ventre, marqué de taches noires, et traversé de quelques bandes
brunes mêlées confusément; à ses pieds couverts
d'un duvet épais et de plumes roussâtres jusqu'aux
ongles; enfin à son cri effrayant.

On connaît vingt espèces de cet oiseau des ténèbres, que l'on appelle aussi le hibou corné, eu égard
aux longues plumes qui entourent les cavernes
des oreilles, et qui ont quelque ressemblance avec
des cornes.

La chouette blanche ou l'Effraie se tient dans les
églises, les vieilles masures et les maisons inhabi-
tées. Le singulier cri qu'elle pousse en volant, qui
réveille le monde, et que l'on ne saurait entendre

sans effroi, est la source de son nom. Sa vue est très
mauvaise de jour; aussi ne commence-t-elle ses exer-
cices et ses ravages qu'avec le crépuscule. S'il lui arrive de se montrer le jour, tous les petits oiseaux s'attachent à sa poursuite. Le plumage de cette espèce a
beaucoup d'élégance : tout le dessus du corps est
d'un léger jaune , tandis que les parties inférieures
sont absolument blanches. Les yeux sont entourés
d'un cercle de petites plumes blanches, les jambes
sont couvertes de plumes jusqu'aux ongles des pieds.
Le sens de l'ouïe est dans l'effraie d'une grande sub-
tilité.

Du temps de Gengis-Khan , les Tartares , Mongols
et Kalmouks avaient cet oiseau en grande vénéra-
tion : voici ce qu'ils racontent à ce sujet. Un hibou
de cette espèce vint se placer sur un buisson , sous
lequel leur prince s'était réfugié après une défaite.
L'ennemi victorieux passa outre sans s'arrêter et
sans faire de recherches , ne s'imaginant pas qu'un
oiseau dût se percher au-dessus de la retraite d'un
homme.

La Chouette n'a pas plus d'un pied de longueur.
La poitrine est d'un cendré pâle, nuancée de raies
longitudinales brunes; la tête, les ailes et le dos
sont marqués de noir; autour des yeux il y a un
cercle cendré, nuancé de brun. C'est un véritable
oiseau de proie, qui commet souvent de grands ravages dans nos colombiers. Il se tient dans des ruines et dans le tronc des arbres. Quand il s'agit de

défendre ses jeunes, il attaque courageusement
l'homme. Les souris font sa chair favorite : il les dépouille avec autant de dextérité qu'un cuisinier pourrait le faire d'un lapin.

LA POULE.

Si vous avez fini le déjeuner, et que vous ne sen-
tiez pas de fatigue, nous irons dans la basse-cour.
Prenons chacun une poignée de grain : je suis sûre
que nous serons bien venus.

Voyez quelle nombreuse couvée de poussins a
cette poule blanche ! Elle prend autant de soin d'eux
que la femme la plus tendre de ses enfants. Henri,
ne cherchez point à attraper les petits poulets ; elle
volerait sur vous. Hier encore ils étaient dans la coquille. Elle avait posé ses œufs dans un panier, au
coin de la volière. Elle les a couvés pendant trois semaines, et ne les a quittés qu'un moment à la dérobée pour manger, de peur qu'ils ne périssent
de froid s'ils étaient privés de la chaleur qu'elle leur
communique. Aussitôt qu'ils ont été assez forts, ils
ont rompu la coquille, et sont sortis d'eux-mêmes.
Elle leur apprend déjà à fouiller du bec dans la terre
pour y chercher du grain et des vermisseaux. Lors-

4..

qu'elle craint que quelqu'un n'ait envie de leur faire
du mal, elle s'élance sur lui avec la fureur et le courage d'un lion. Pauvre poule, que vas-tu devenir?
Voyez-vous cet oiseau de proie qui la guette? Oh!
comme cette tendre mère est effrayée! Les petits
poussins se couchent sur le dos, attendant à tout moment d'être emportés dans les serres de leur ennemi.
Leur mère court autour d'eux dans des angoisses
mortelles; car il est trop fort pour qu'elle puisse le
combattre. Allez, Henri, appelez Thomas, et dites-
lui d'accourir tout de suite avec son fusil. Va, ma
pauvre poule, l'épervier n'aura pas tes petits. —
Maintenant que nous l'avons chassé, viens chercher
le grain que nous t'avons apporté pour ta famille.

Nous avons besoin d'œufs, Charlotte; voyez s'il
y en a dans le poulailler. Bon, vous en avez trois.
Ils sont pondus d'aujourd'hui. Il n'y a pas encore de
poulet vivant dans la coquille; mais, si nous les
laissions quelque temps sous la poule, il viendrait un
poulet dans chacun. Toute espèce de volaille et d'oiseau vient aussi d'œufs, plus ou moins gros, suivant la grosseur de l'animal qui les produit.

Il est possible de faire éclore les œufs dans des
fours; et j'ai lu que c'était l'usage ordinaire en Egypte.
Aussitôt que les jeunes poussins sortent de leur
coquille, ils sont mis sous la tutelle d'une poule
qui, ayant été dressée à cet emploi, les conduit et
les élève, becquetant pour eux avec la même tendresse que si elle était leur véritable mère. Certaine-

ment c'est une chose très curieuse; mais je suis bien
loin d'approuver ces procédés contre nature. Nous
pouvons bien avoir un nombre suffisant de poulets
par la méthode naturelle, si nous leur donnons les
soins qu'ils demandent. Je suis ravie de savoir qu'on
a voulu essayer, dans ce pays, de faire naître les
poulets dans des fours, et qu'on a rejeté ce moyen.

Il y a une autre coutume aussi bizarre, mais qui
cependant est très commune parmi nous : c'est de
mettre des œufs de cane couver sous une poule. Vous
auriez peine à concevoir la détresse que cela occa-
sionne à cette seconde mère. Ignorant l'échange qui
a été fait, elle suppose qu'elle a couvé ses propres
petits ; car elle n'a pas assez d'intelligence pour réfléchir sur cet objet. C'est pourquoi, lorsqu'elle voit
les canetons se plonger dans l'eau, suivant leur instinct, elle est saisie pour eux des craintes les plus
vives, tremblant qu'ils ne se noient. Cependant elle
n'ose les suivre, parce qu'elle ne sait pas nager.
Vous auriez pitié de la pauvre bête, en la voyant
courir autour de la mare, appelant ses nourrissons,
et remplissant l'air de ses plaintes.

Il est fâcheux d'être obligé de tuer les pauvres poulets ; mais, comme je vous l'ai dit au sujet des bœufs
et des moutons, si nous les laissions tous vivre, ils
mourraient de faim, ou nous réduiraient au même
danger, en mangeant tout le grain de nos provisions;
en sorte que nous n'aurions plus ni pain ni viande
pour soutenir notre vie. Mais nous prendrons soin

de les bien nourrir , de ne pas les tourmenter, et lorsque nous les tuerons nous les ferons souffrir le moins possible. Je ne pourrais jamais me résoudre à égorger de mes mains une créature vivante; je plains, sans les condamner , ceux qui , par état, sont forcés d'exécuter cette cruelle opération.

Les poules ont les pattes armées d'ongles très pointus , pour pouvoir fouiller dans le fumier et devant la porte des granges, où elles trouvent toujours une provision suffisante de grains. Leurs pieds ont aussi plusieurs jointures ; en sorte qu'en dormant , la nuit, elles se tiennent fortement accrochées aux juchoirs , ce qui les empêche de tomber pendant leur sommeil.

Les coqs ont autant de courage que de beauté , de force et d'orgueil. Ils combattent quelquefois entre eux jusqu'à ce que l'un ou l'autre reçoive la mort. Il y a, en Angleterre, des gens assez cruels pour trouver de l'amusement dans ces meurtres.

Ils prennent deux de ces belles créatures, et attachent à leurs jambes des éperons d'acier très aigus ; ensuite ils les mettent au milieu d'une place ronde, converte de gazon , et se tiennent tout autour , criant , et faisant des paris insensés, tandis que les deux fiers combattants se déchirent de blessures si cruelles qu'ils meurent quelquefois sur la place. Oh ! Henri , j'espère que vous ne prendrez jamais part à ces jeux barbares. Je vois que votre cœur se révolte au seul récit que je vous en fais. Je

pourrais encore vous dire que ces spectacles ont causé
souvent la ruine de ceux qui risquaient leur fortune
sur l'événement du combat ; mais je me flatte que ,
avant de devenir homme , vous prendrez des sentiments d'humanité qui vous en éloigneront pour toujours , sans avoir besoin de ce motif.

Je veux vous parler d'une autre espèce de barbarie exercée sur les coqs par de méchants petits garçons. Le jour du mardi-gras, ils s'assemblent par
bandes et conviennent de jeter tour à tour des bâ-
tons à l'une de ces innocentes créatures. Le premier
tire , et lui casse quelquefois une jambe. Cela est ré-
paré , à ce qu'ils disent , par un morceau de bois
qu'ils lient tout autour pour la soutenir. Le second
lui crève peut-être un œil ; le troisième lui brise
peut-être une aile, et rarement un coup manque de
lui casser quelqu'un de ses membres délicats. Aussi
longtemps qu'il lui reste des forces , l'oiseau tourmenté cherche à s'échapper de ses bourreaux ; mais
la violence de la douleur le force bientôt de tomber.
S'il montre le moindre signe de vie , il a de nouveaux tourments à souffrir. Ils mettent sa tête dans
la terre pour le ranimer, à ce qu'ils prétendent. La
malheureuse volatile se débat , de peur d'étouffer,
et la persécution recommence. Quelques coups de
plus achèvent ce jeu barbare. Elle tombe tout-à-fait
morte , tandis que ses meurtriers triomphent sur
son cadavre , et s'appellent eux-mêmes de petits héros. Que pensez-vous de ces enfants , Henri ? N'y

a-t-il pas bien plus de plaisir à voir ce noble oiseau
becquetant à la porte de la grange, ou perché sur
son fumier, battant des ailes et poussant des cris de
joie, que de le voir déchiré d'une manière si cruelle,
de voir ses yeux, jadis si pleins de feu, maintenant
éteints sous sa paupière mourante, et son beau plumage souillé de boue et de sang ?

LA PERDRIX.

La perdrix a environ treize pouces de longueur ;
la couleur générale de son plumage est d'un brun
cendré, élégamment mêlé de noir. La queue est
courte ; les cuisses sont d'un blanc verdâtre, avec
un petit nœud par derrière ; le bec est d'un faible
brun. Les yeux sont couleur de noisette; sous chaque œil il y a un petit point graineux couleur de
safran. Dans les jeunes perdrix on remarque, entre
les yeux et l'oreille, une peau nue d'un écarlate brillant. Le mâle a sur la poitrine une marque en forme
de fer à cheval. La femelle se reconnaît par ses couleurs moins marquées, moins brillantes.

On ne voit les perdrix que dans les climats tem-
pérés. Les extrêmes de chaleur ou de froid leur sont
contraires. Cependant elles se trouvent dans le Groën-

land , où pendant l'hiver leur plumage blanchit. En
Suède, elles terrent sous la neige pour se garantir du
froid. Elles ne sont nulle part en plus grande quantité
que dans l'Angleterre , où elles font les délices des
épicuriens raffinés. Ces oiseaux s'apparient dès le
retour du printemps ; la femelle pond entre quatorze
et dix-huit œufs ; elle fait à terre un nid de feuilles
sèches et de gazon. Les petits courent au moment
même qu'ils sont éclos ; souvent ils traînent encore
avec eux une partie de leur coquille. Il arrive assez
communément qu'on place des œufs de perdrix sous
une poule qui les couve et les soigne comme ses propres œufs ; mais alors il faut avoir soin de pourvoir
les jeunes d'œufs de fourmis qu'ils aiment beaucoup,
sans quoi il serait impossible de les élever. Ils mangent aussi des insectes. Lorsqu'ils ont pris toute leur
croissance , ils se nourrissent de toutes sortes de
jeunes plantes. Le mâle partage une partie des soins
que la femelle prodigue à ses petits; ils guident tous
deux leurs premiers pas , les rappelent ensemble ,
leur donnent la becquée , et les aident à gratter le
sol de leurs pieds pour trouver quelque nourriture ;
on les voit souvent réunis et couvrir leurs jeunes de
leurs ailes , comme les poules.

LA PIE.

Ce joli oiseau est commun en France; mais l'Italie est sa limite au sud , et ses voyages vers le nord s'arrêtent en deçà de la Laponie. Il est d'une telle rareté en Norwége, que la vue d'une pie y est regardée comme le présage de la mort.

La pie a dix-huit pouces de long ; le noir foncé de la tête , du cou et de la poitrine forme un contraste élégant avec la blancheur éblouissante des parties inférieures ; les pennes du cou sont très longues et couvrent tout le dos ; le plumage en général est d'un noir lustré qui, vu de près, et sous certain jour , jette des reflets verts, bleus, pourpres et violets ; la queue étagée est très longue ; les pieds sont également noirs.

La pie est omnivore; elle fait souvent de grands ravages dans les garennes et dans les basses-cours. Elle n'entreprend jamais de longs voyages; elle vole d'arbre en arbre à peu de distance.

La femelle met beaucoup d'art dans la construction de son nid; elle n'y laisse d'ouverture qu'autant qu'il lui en faut pour entrer et sortir ; elle le couvre d'une enveloppe à claire-voie , de petites branches épineu-

ses et bien entrelacées ; le fond est matelassé de laine
et d'autres matériaux mollets sur lesquels les jeunes peuvent se reposer commodément : elle pond
sept ou huit œufs d'un gris pâle et tachetés de
noir.

La pie peut être apprivoisée ; on lui apprend à
prononcer différents mots , et même de courtes phra-
ses ; souvent, quand un bruit étranger a frappé son
oreille , elle cherche à l'imiter.

Elle est , comme d'autres oiseaux de son espèce ,
très portée à dérober : elle a aussi l'habitude d'en-
fouir ses provisions superflues.

LE PAON, LE COQ-D'INDE, LE FAISAN, LE PIGEON.

Reposons nos regards sur ce paon majestueux.
Avez-vous vu jamais une plus brillante parure ? Avec
quel orgueil il étale en forme de roue sa queue étoi-
lée ! On dirait que le soleil se plaît à la faire étinceler des plus riches couleurs. Une de ses plumes est
tombée à terre. Examinez-la bien ; plus vous la re-
garderez de près , plus elle vous paraîtra admirable.
Ses pieds ne sont pas, à beaucoup près, si beaux;
tant il est vrai qu'on ne possède jamais tous les
avantages.

La chair du paon est assez bonne à manger. Elle servait même autrefois dans les festins d'appareil de la chevalerie. Mais qui pourrait se résoudre à égorger un si bel oiseau?

Ne soyez pas effrayé de ce coq d'Inde, Henri. Il a l'air fanfaron : mais ils ne possède en effet que très peu de courage. Marchez à lui sans crainte; il fuira devant vous. Une taille haute, vous le voyez, n'annonce pas toujours un grand cœur.

Cet oiseau nous vient de l'Inde ; mais il s'est fort bien naturalisé dans ce pays, et sa chair est d'un très bon goût.

Ne croiriez-vous pas que l'on a peint et doré le plumage de ces faisans de la Chine? Ils sont moins beaux que le paon ; mais ils sont plus variés.

Voyez aussi quelle diversité de couleurs dans ces pigeons. Les plumes de tous ces oiseaux nous servent pour mille embellissements dans notre parure. Et jusqu'à celles du hibou , il n'en est pas qui ne soient dignes d'occuper nos regards , d'exciter notre admiration , et de satisfaire notre curiosité.

LA TOURTERELLE.

La tourterelle est plus petite que le pigeon , dont elle se distingue d'ailleurs par l'iris jaune de ses yeux

et par le cercle cramoisi de ses paupières. La couleur générale de cet oiseau est d'un gris bleuâtre ; la
poitrine et le cou sont d'une sorte de pourpre blanchâtre ; et sur les côtés du cou se trouve un petit
tour de belles plumes blanches bordées de noir.

Le cri de cet oiseau est tendre et plaintif ; le mâle
en abordant sa compagne la salue à différentes reprises du mouvement de ses ailes, et pousse en
même temps les sons les plus doux et les plus touchants. La fidélité de ces oiseaux a fourni aux ro-
manciers une source d'images séduisantes. L'on assure que, si un couple se trouve enfermé dans une
cage, et que le mâle vienne à mourir, il est rare
que la femelle lui survive ; cependant, au rapport de
plusieurs naturalistes, observateurs judicieux et profonds, la constance de la tourterelle n'est pas absolument exemplaire, et la fidélité inviolable qu'on lui
prête n'est pas tout-à-fait sans tache

Ces oiseaux arrivent en nombre avec le printemps.
et nous quittent vers le mois d'août. Ils se tiennent
dans les taillis les plus épais et les plus solitaires
des bois ; ils nichent sur les arbres les plus élevés.
La femelle pond deux œufs ; dans nos pays elle ne
fait pas plus d'une ponte ; mais dans les climats plus
chauds on croit qu'elle en fait plusieurs.

LE ROSSIGNOL.

Ce n'est pas à la beauté de son plumage que le rossignol doit la faveur distinguée dont il a joui dans tous les temps près des amateurs de la belle nature. Cet oiseau, qui a fourni tant de richesses à l'imagination des poètes, a peut-être la parure la plus modeste de tous les habitants ailés des bois.

Il a près de six pouces de long; le dessus de son corps est d'un brun foncé, avec une légère teinte olive; le dessous est d'un cendré pâle; la gorge et le ventre sont blanchâtres.

La variété, la douceur, l'harmonie de son chant, le placent au premier rang parmi nos oiseaux chanteurs. Dans le silence de la nuit, quand tous les autres oiseaux ont suspendu leurs concerts, le rossignol seul fait entendre sa voix mélodieuse : il remplit alors le cœur des émotions les plus douces, élève et transporte l'imagination aux pieds de cette puissance créatrice, si grande, si généreuse dans toutes ses œuvres, si ingénieuse à embellir le séjour passager de l'homme.

Le rossignol est un oiseau solitaire; il ne vit jamais par troupe. La femelle construit son nid de feuillage, de paille et de mousse ; elle pond ordinairement quatre ou cinq œufs ; elle fait deux et quelquefois trois pontes par an. Tandis qu'elle s'acquitte des devoirs de l'incubation, le mâle, perché sur une branche voisine, cherche à charmer ses ennuis par l'harmonie de son chant; si quelque ennemi s'approche, si quelque danger menace, il chante encore, et ses accents entrecoupés disent à sa compagne tout ce qu'elle a à craindre.

Les rossignols s'approprient facilement le chant des autres oiseaux. On peut leur apprendre une partie séparée dans un chœur ; ils la répèteront exactement à leur tour.

On dit qu'on est souvent parvenu à leur faire articuler des mots, et l'on vante les progrès étonnants qu'ils ont faits dans cette étude.

LE CYGNE, L'OIE, LE CANARD.

Prenez garde, Henri; n'approchez pas tant du bord du canal. Venez à mon côté. Bon ! donnez-moi la main. Nous sommes assez près pour être à portée de voir ce cygne superbe. Comme il navigue majestueusement sur les eaux, sans en troubler la surface! Voyez-le déployer de temps en temps ses ailes argentées, et plonger son cou long et recourbé. Voyez

sa compagne ; avec quelle fierté elle conduit sa naissante famille ! Ses petits ne sont encore que d'un gris
cendré; mais bientôt l'œil sera ébloui de la blancheur
de leur plumage.

Cette pauvre oie, qui ressemble tant au cygne
pour la forme, est bien loin d'avoir sa grâce et sa
beauté ! Elle ne fait que criailler d'une voix rauque et
glapissante, et se dandiner niaisement dans sa lourde
allure. Gardons-nous toutefois de la mépriser, pour
n'avoir pas les avantages extérieurs de sa rivale. Le
cygne n'a rien à nous fournir que son duvet pour nos
houpes à poudrer, nos manchons, la garniture de
nos robes et de nos pelisses. L'oie, au contraire,
nous donne sa chair pour nos repas, et nous lui
sommes en quelque sorte redevables de tous les livres
de conscience et d'agrément que nous lisons, puisqu'avant d'être imprimés ils ont d'abord été écrits
avec des plumes tirées de ses ailes.

Regardez à présent cette cane, suivie de sa jeune
couvée de canetons. Où courent-ils donc ainsi d'un
air si empressé? Bon : les voilà tous dans l'eau.
Voyez avec quelle assurance ils y plongent! Vous
auriez, j'imagine, une belle frayeur à leur place.

Le cygne, l'oie et le canard sont des oiseaux aquatiques, et vivent sur l'eau et sur la terre. Remarquez,
je vous prie, leurs pattes : vous verrez que toutes les
parties en sont liées ensemble par une mince men-
brane. Il en est de même de tous les oiseaux d'eau.
Ils les emploient comme ces rames dont vous avez vu

les bateliers se servir pour conduire leur chaloupe.

LES OISEAUX DE PASSAGE.

Il est plusieurs espèces d'oiseaux, appelés oiseaux
de passage, tels que les grues, les canards sauvages,
les pluviers, les bécasses, les hirondelles, etc., qui
ne résident pas constamment dans le même endroit,
mais qui vont de pays en pays, chercher un climat
favorable, suivant les différentes saisons de l'année.
Ils se réunissent tous ensemble en un certain jour
marqué, et prennent leur vol en même temps. Plusieurs traversent les mers, et volent jusqu'à trois
cents lieues; ce que l'on aurait de la peine à croire,
sans le témoignage répété de plusieurs voyageurs
dignes de foi.

LES OISEAUX ÉTRANGERS.

Je ne finirais pas de la journée si j'entreprenais de
vous peindre les oiseaux qui vivent dans ce pays. Que

serait-ce donc si je voulais vous entretenir de tous
ceux qu'on a reconnus sur les différentes parties de
l'univers? Il est des livres forts amusants où l'on a
fait leur histoire, et où vous pourrez les voir repré-
sentés avec leurs couleurs naturelles. En attendant
que vous soyez en état de lire ces ouvrages avec fruit,
je me borne à vous parler de deux oiseaux seulement,
et je choisirai le plus petit et le plus grand de toute
espèce, le colibri et l'autruche.

LE COLIBRI.

La nature semble avoir pris plaisir à former la
taille élégante du colibri, et rassembler sur son plumage les plus belles couleurs dont elle a peint celui
des autres oiseaux. Les nuances en sont délicates et
si bien ménagées que son coloris semble varier à chaque nouveau coup d'œil. Sa queue est composée de
neuf plumes qui s'allongent en éventail, et les deux
dernières sont deux fois plus longues que tout son
corps. Le mâle porte sur sa tête une petite huppe, où
sont réunies toutes les teintes qui brillent sur ses
ailes. Ses yeux sont noirs, et étincellent de vivacité.
Son bec, de la grosseur d'une aiguille, est long et un
peu courbé. Sa langue, qu'il en fait sortir bien au-

dehors, lui sert à pomper, jusqu'au fond du calice
des fleurs, la rosée qui les baigne, ou à gober les
petits insectes qui s'y réfugient. Il se nourrit aussi de
la poussière des fleurs d'oranger, de citronnier et de
grenadier, qu'il recueille en voltigeant comme un
papillon, presque toujours sans s'y reposer. Son vol
est si rapide qu'on entend cet oiseau plutôt qu'on ne
le voit. Le mouvement de ses ailes produit un bourdonnement pareil à celui des grosses mouches. Il se
balance comme elles dans l'air, et paraît quelquefois
y rester immobile.

Dans les contrées où les fleurs n'ont qu'une saison,
on dit qu'à la fin de leur règne il se tapit sur la branche d'un arbre, et y reste dans un état d'engourdissement jusqu'à leur retour; mais dans les pays où les
fleurs se succèdent sans cesse, on a le plaisir de le
voir toute l'année.

Il aime à suspendre son nid aux rameaux des oran-
gers, qui ne ploient certainement pas sous la charge.
Ces nids, dont la forme est celle d'une demi-coque
d'œuf, sont construits avec des petits brins d'herbe
sèche, et tapissés d'une espèce de coton très fine et très
douce. La femelle ne pond que deux œufs de la grosseur d'un pois, qu'elle couve avec beaucoup de soin
et de tendresse. Quand les petits sont éclos, ils ne
paraissent pas plus gros que des mouches. Peu à peu
ils se couvrent d'un duvet aussi léger que celui des
fleurs, et bientôt après de plumes brillantes.

Lorsque le père et la mère s'éloignent pour aller

chercher de la nouriture, certains oiseaux, qui sont
très friands de la couvée, veulent profiter de cette
absence pour saisir leur proie ; mais les parents sont
toujours au guet ; ils reviennent prompts comme l'é-
clair, poursuivent intrépidement l'ennemi de leur
jeune famille, et lorsqu'ils peuvent l'atteindre, ils ont
l'adresse de se cramponner sous son aile, et le percent, avec leur bec affilé, de mille bessures.

La manière de les prendre est de leur jeter une
poignée de gros sable lorsqu'ils volent à une petite
portée, ce qui les étourdit, ou de leur tendre des
baguettes enduites d'un glu luisante. Les petits
friands y volent avec avidité ; mais leur langue, leurs
ailes s'y empêtrent, et les chasseurs qui les épient
les saisissent avant qu'ils aient pu se débarrasser.

Un voyageur raconte à leur sujet une histoire intéressante que vous ne serez sûrement pas fâchés d'apprendre, je le devine à votre attention à m'écouter.

Un de ses amis ayant pris un nid de ces oiseaux,
les mit dans une cage à la fenêtre de sa chambre. Le
père et la mère, qui voltigeaient de tous côtés pour
les retrouver, ne tardèrent pas à les reconnaître, et
ils venaient d'abord leur apporter à manger à travers
les barreaux. Bientôt ils se rendirent assez familiers
pour entrer librement dans la chambre, puis dans la
cage, pour manger et dormir avec leurs petits. Ils
prirent tant d'amitié pour le maître de la maison qu'ils
allaient quelquefois tous quatre ensemble se percher
sur son doigt, en criant *serep, serep, serep*, comme

s'ils eussent été sur la branche d'un arbre. On leur
faisait une bouillie de biscuit, de vin d'Espagne et de
sucre. Ils venaient y passer légèrement leur langue,
et quand ils étaient rassasiés ils voltigeaient dans la
maison et au dehors, revenant à tire d'aile au moindre son de la voix de leur père nourricier. Il les con-
serva de cette manière pendant cinq ou six mois,
dans la douce espérance d'avoir bientôt de nouveaux
rejetons de cette jolie famille ; mais ayant oublié un
soir d'attacher la cage où ils se retiraient à un cor-
don suspendu au plancher, pour les garantir des rats,
il eut la douleur de ne plus les retrouver le lendemain à son réveil.

On a trouvé le secret de leur conserver si bien,
même après leur mort, le vif éclat de leurs couleurs,
que les femmes du pays les portent à leurs oreilles en
guise de girandoles. On fait aussi de leurs plumes de
belles tapisseries et des tableaux charmants.

L'oiseau-mouche, ainsi nommé à cause de sa petitesse, est de l'espèce du colibri.

L'AUTRUCHE.

L'Autruche tient, parmi les oiseaux, le même
rang que l'éléphant parmi les quadrupèdes. Elle est

la plus grande de toute la gent volatile. Sa hauteur égalerait celle de Henri debout sur son cheval. Son cou long est très allongé, sa tête fort menue, l'un et l'autre couverts de poils au lieu de plumes. Ses yeux sont presque aussi grands que les nôtres, relevés d'une paupière mobile, et garnis de cils. Son corps, dont la grosseur est loin de répondre à la grandeur de sa taille, est monté sur des cuisses sans plumes jusqu'aux genoux, et sur des jambes très hautes qui se terminent en pieds de corne semblables à ceux des chameaux, mais avec des griffes très fortes. La nature lui ayant donné des ailes trop courtes et des plumes trop molles pour pouvoir s'élever dans les airs, elle sait en user comme d'une voile pour accélérer sa course, aidée d'un vent favorable. Ses ailes sont armées, chacune à leur extrémité, de deux ergots qui lui servent de défense.

L'autruche est très vorace, et se nourrit de tout ce qu'elle rencontre; c'est de là que l'estomac de l'autruche est passé en proverbe. Elle pond plusieurs fois l'année, et chaque fois douze à quinze œufs fort gros, qu'elle dépose dans le sable pour que le soleil les échauffe pendant la journée; le soir, à son tour, elle se charge de ce soin dans les pays où les nuits sont froides. La coque des œufs acquiert avec le temps une si grande dureté qu'on la travaille comme l'ivoire, pour en faire des coupes très solides.

Ces oiseaux se réunissent dans les déserts en troupes nombreuses, qui, de loin, ressemblent à des escadrons de cavalerie. Leur chasse est un des plus grands plaisirs des seigneurs de la contrée. Ils les suivent montés sur des chevaux barbes de la plus grande vitesse, avec lesquels toutefois ils ne pourraient les atteindre s'ils n'avaient la précaution de les pousser contre le vent, et de lâcher à leurs trousses des lévriers pour leur couper le chemin et les arrêter un peu. Elles font des crochets dans leur fuite comme les lièvres.

Les chasseurs emploient quelquefois une ruse plaisante pour les attaquer. Ils se revêtent d'une peau d'autruche, élèvent et réunissent leurs bras dans le cou, et le font jouer, ainsi que la tête et les autres membres, à la manière des véritables autruches; celles-ci approchent ou se laissent approcher sans défiance, et se trouvent prises à l'improviste.

La tête de ces oiseaux n'étant défendue que par un crâne très mince, c'est cette partie qu'ils cherchent à mettre en sûreté, laissant le reste de leur corps à découvert. Toute leur force est dans leur bec, dans les piquants du bout de leurs ailes, et surtout dans leurs pieds. Ils peuvent renverser un homme d'une ruade. On prétend même qu'en fuyant il lancent des pierres avec une extrême raideur.

Les autruches sont d'un naturel très sauvage. Cependant, à force de soins, on vient à bout de les apprivoiser, et de les monter comme un cheval. On a vu une jeune autruche porter deux nègres à la fois sur son dos, avec plus de rapidité que le plus léger coureur des courses de Vincennes.

Les plumes d'autruche se blanchissent et se tei-
gnent en diverses couleurs. On les prépare pour
servir de parure à la coiffure des femmes, aux
chapeaux des militaires et aux casques des acteurs
sur le théâtre, comme aussi pour orner l'impériale
des lits et les dais d'église. Les plumes des mâles sont
les plus estimées, parce qu'elles sont plus larges et
plus épaisses, et qu'elles prennent mieux la couleur
que celles des femelles.

Les plumes grisâtres qu'elles ont sous le ventre
fournissent aux fourreurs des garnitures de robes et
de manchons.

LES NIDS D'OISEAUX.

REGARDEZ entre ces arbres, Charlotte. N'est-ce pas
le petit Jules que je vois venir à notre rencontre? Oh!
c'est bien lui : je le reconnais à ses gambades. Il me
paraît, à cette allure, qu'il a des nouvelles agréables
à nous annoncer. Il porte quelque chose. Qu'avez-
vous donc là, mon enfant? Un nid d'oiseaux? Fi!
comment dérober à ces pauvres créatures ce qui leur
a coûté tant de peine et de travail! Les petits, dites-
vous, s'en étaient déjà envolés. A la bonne heure.
Henri, prenez doucement ce nid dans votre main,

regardez-le avec attention. Je vous dirai comment les
oiseaux l'ont construit.

Deux d'entre eux sont convenus de vivre ensemble;
car s'ils ne peuvent pas s'exprimer comme nous, ils
savent fort bien se faire entendre l'un de l'autre. Ils
ont prévu que le printemps leur donnerait des petits,
et leur premier soin a été de leur bâtir d'avance une
jolie habitation. Après avoir cherché sur les arbres
ou dans les buissons l'endroit le plus propre à s'établir, ils ont commencé l'édifice par le dehors, entre-
laçant avec leurs becs des brins de bois et de paille,
et remplissant tous les vides avec de la mousse et du
crin ramassés dans la campagne. Ensuite ils on ta-
pissé l'intérieur de légers flocons de laine, de duvet,
de plumes et de coton. La femelle a pondu ses œufs
sur ce lit douillet, et pendant quelques jours les a
tenus constamment réchauffés de la douce chaleur de
ses ailes, tandis que le mâle l'animait par ses caresses
dans des soins si tendres, ou que, perché sur une
branche voisine, il la réjouissait de ses plus jolies
chansons. Enfin les petits sont éclos. Aussitôt leurs
parents pleins de joie se sont empressés de leur aller
chercher de la nourriture, et sont revenus en la
broyant dans leur bec. Les petits, entendant le bruit
de leurs ailes, ont soulevé la tête, se sont mis à crier
tous à l'envi : *chirp, chirp,* comme pour dire : à
moi, à moi. Aucun, grâce à Dieu, n'en a manqué.
Afin de les garantir de la fraîcheur des nuits, la mère
a continué de les couvrir de ses plumes, et, dès l'au-

rore, le père a volé leur chercher une nouvelle nourriture. Ainsi se sont comportés ces tendres parents,
jusqu'à ce qu'ils aient vu leurs petits en état de se
soutenir sur leurs ailes. Alors ils les ont instruits à
voltiger de branche en branche, puis à se hasarder
un peu dans les airs. Enfin ils leur ont fait prendre
l'essor, pour leur indiquer les endroits où ils trouveraient leur subsistance. C'est alors que leurs soins
ont cessé ; leurs enfants n'en avaient plus besoin : ils
sont déjà aussi habiles qu'eux-mêmes. Vous les verrez l'année prochaine construire aussi des nids à leur
tour, et faire pour leur jeune famille ce que leurs
parents viennent de faire pour eux.

Je sens toujours de l'indignation contre ceux qui
vont lâchement dérober des nids d'oiseaux, lorsque
je pense combien de voyages ont fait ces pauvres créatures pour rassembler tous les matériaux qui leur
étaient nécessaires, et quelle a dû être la difficulté de
leur travail, sans autres instruments pour bâtir que
leurs becs et leurs pattes.

Nous n'aimerions pas à être chassés d'une bonne
maison bien close et bien commode, quoique peu
d'entre nous eussent l'adresse d'en construire. Les
fermiers, il est vrai, se trouvent dans la nécessité de
détruire, autant qu'ils peuvent, quelques espèces
d'oiseaux qui dévorent leurs récoltes. D'ailleurs il ne
manque point d'oiseaux de proie, tels que les éper-
viers et les milans, pour leur faire une rude guerre.
Ainsi je pense qu'ils ont assez d'ennemis, sans les

petits garçons. Pour moi, je ferais volontiers le sa-
crifice d'une partie de mes fruits pour les payer de
leur musique, et je ne voudrais pas tuer ce merle
joyeux qui chante si gaîment dans le verger, même
quand il devrait manger toutes mes cerises.

Vous avez un serin de Canarie dans votre cage,
Charlotte; j'espère que vous aurez soin de le tenir
propre et de le bien nourrir. Il n'a jamais connu le
prix de la liberté; ainsi il n'éprouve point le regret
de l'avoir perdue. Au contraire, si vous lui donniez
la volée, il mourrait peut-être de faim, faute de la
nourriture qu'il aime. De plus, il ne pourrait pas résister aux rigueurs de l'hiver, parce qu'il est d'une
espèce qu'on a transportée d'un pays beaucoup plus
chaud que le nôtre. Mais si vous preniez un pauvre
oiseau accoutumé à voler dans les bois, à sautiller de
branche en branche, à gazouiller dans l'épaisseur des
buissons, il commencerait d'abord à se tourmenter,
à se frapper la tête contre les barreaux de la cage;
enfin, lorsqu'il verrait qu'il ne peut sortir, il irait se
tapir tristement dans un coin, il refuserait de manger
et de boire, jusqu'à ce que la faim et la soif l'y obli-
geassent à la dernière extrémité, et il mourrait
peut-être avant que d'avoir pu s'accoutumer à sa
prison.

J'ai connu un petit garçon, très bon enfant d'ailleurs, mais qui aimait tant les oiseaux qu'il se servait
de tous les moyens pour en avoir. Un jour il venait
de leur tendre des lacets et de leur dresser des trap-

5.

pes, lorsqu'on vint le chercher de la ville, de la part
de sa maman; il partit aussitôt, oubliant, dans l'é-
tourderie de son âge, d'aller défaire ses piéges, ou
d'en parler à personne dans la maison. Il ne revint
qu'au bout de huit jours; et la première nouvelle
qu'il apprit fut qu'un pauvre roitelet avait été malheureusement écrasé sous une trappe, et qu'une
fauvette s'était cassé la jambe dans les nœuds d'un
lacet. Dites-moi, je vous prie, mon cher Henri, si
vous n'auriez pas eu bien de la douleur, à sa place,
d'avoir fait souffrir une fin cruelle à deux si gentilles
créatures, qui, loin de lui avoir fait aucun mal,
avaient peut-être cent fois réjoui ses yeux par la légèreté de leur vol, ou charmé ses oreilles par la
douceur de leur ramage?

LES ABEILLES.

La bonne Geneviève vient de nous apporter un rayon ou gâteau de miel nouveau. Vous allez en goûter, et vous le trouverez exquis. Vous rappelez-vous que, il y a deux mois environ, nous avons vu un essaim d'abeilles sortant d'une ancienne ruche? Nicolas, qui les guettait depuis une demi-heure, ne les aperçut pas plutôt en l'air que, se cachant le visage et les mains pour ne pas être piqué, il les fit s'abaisser sur un buisson en leur jetant de la poussière à pleines mains, et les mit ensuite dans une ruche vide qu'il avait préparée expres. Eh bien! voici une portion du travail qu'elles ont fait dans leur nouvelle demeure, et des provisions qu'elles y ont amassées.

Elles sont en très grand nombre dans leur habitation, quelquefois même jusqu'à trente mille et plus; cependant il règne parmi elles le plus grand ordre :

dans chaque ruche une principale abeille, que nous nommons la reine, maintient l'ordre et la propreté, ne souffre pas que les abeilles restent oisives, les envoie dans les champs, dans les jardins, dans les prairies et les bois, chercher la cire et le miel dont elle règle l'usage. C'est elle qui veille à la construction des édifices de la ruche, à l'éducation des jeunes abeilles ; et quand cette jeunesse est en état de pourvoir à sa subsistance, elle les oblige à sortir de la ruche, sous la conduite d'une jeune reine de leur âge : c'est ce qui forme l'essaim dont je viens de vous parler.

Dès le jour que Nicolas a recueilli les jeunes abeilles dans la ruche, elles ont aussitôt, sans perdre un moment, travaillé à faire ces petites cellules que vous voyez, et qui sont en cire. Cette cire, qui est jaune quand elle sort des ruches, sert à donner au bois des meubles, au plancher, le luisant et la propreté. Elle entre dans la composition des onguents que l'on met sur les blessures ; et quand on l'a fait blanchir, on l'emploie à faire la bougie qui nous éclaire, les cierges que vous voyez dans l'église, et mille autres choses très utiles.

Vous souvenez-vous, Henri, qu'hier soir, ayant mis votre petit nez au milieu d'un lis pour en sentir l'odeur, vous l'avez retiré tout couvert d'une poussière jaune ? eh bien, c'est avec ces petits grains de poussière que les abeilles font leurs cellules de cire ; elles les trouvent en très grande abondance sur les lis; il y en a moins dans les autres fleurs simples, et point dans les doubles. Pendant que la construction avance, d'autres abeilles vont sur les fleurs recueillir le miel qui se trouve au milieu du calice des fleurs simples, et sur les feuilles de certains arbres : elles l'apportent dans leur petit estomac, et le dégorgent dans les cellules, qu'elles ferment avec de la cire quand elles les ont remplies.

Ces provisions leur servent pour se nourrir pendant les jours qu'elles ne sortent pas, à cause des pluies et des froids; et comme elles travaillent continuellement, elles en amassent plus qu'il ne leur en faut; c'est leur superflu que Nicolas leur a ôté, et dont on vient de nous apporter une partie.

A présent ouvrons ces petites cellules : voyez comme le miel est pur! Vous le trouvez bon, mes enfants; j'en suis charmée. Charlotte, vous voulez voir ces abeilles près de leur ruche; eh bien, mes amis, je vous y mènerai; mais je vous préviens que leur piqûre fait beaucoup de mal. J'ai vu un petit garçon de l'âge de Henri, qui, après avoir fouetté sa toupie, s'approcha d'une ruche; et comme les abeilles étaient tranquilles, il y introduisit le manche de son fouet, en le remuant avec vivacité; les abeilles en fureur sortirent et se jetèrent sur lui : il fut bien piqué, et s'enfuit en jetant des cris; il souffrit beaucoup, et personne ne le plaignit, parce qu'il s'était attiré ce malheur.

S'il se fût approché des abeilles avec tranquillité,

et sans les effaroucher, il eût pu les regarder sans le
moindre danger.

Venez, mes amis, nous allons les voir; vous les
craignez parce qu'elles font beaucoup de bruit; c'est
ce qui a lieu les jours de beau temps, depuis midi
jusqu'à trois heures, parce que les abeilles sortent
en grand nombre pour se récréer et prendre l'air.

Les petites abeilles que vous voyez sont les ouvriè-
res de la ruche, les travailleuses; ce sont elles qui
construisent les édifices en cire, comme celui que
vous a apporté la bonne Geneviève; ce sont elles qui
vont chercher le miel, qui entretiennent la propreté
dans la ruche, qui veillent à la porte pour en défendre l'entrée; elles gardent aussi la reine qui ne sort
point. Ces grosses mouches noires, qui font beaucoup
de bruit en volant, sont les papas de la ruche. Vous
me demandez, Charlotte, pourquoi ces papas font
tant de bruit en volant. Vous trouvez que leur
chant n'est pas agréable. Mes amis, ce bourdonnement ne sort pas de leur bouche; les abeilles et toutes
les mouches que nous voyons ont sous les ailes de
petits trous par où l'air entre dans leur corps et en
ressort; c'est l'agitation de leurs ailes sur ces petits
trous qui cause le bourdonnement que nous enten-
dons; c'est comme la toupie d'Allemagne de Henri.
Cette toupie creuse est percée d'un petit trou; plus
elle tourne vite, plus le bourdonnement est fort:
aussi plus les mouches agitent leurs ailes, et plus elles
sont grosses, plus le bourdonnement est considérable.

Il y a d'autres espèces d'abeilles qui ne vivent pas en commun comme celles-ci ; on les nomme *abeilles solitaires ;* telle que l'abeille *perce-bois ,* qui fait des trous dans les morceaux de bois et s'y loge ; l'abeille *maçonne ,* qui fait son nid avec de la terre humectée ; la *cardeuse ,* la *coupeuse de feuilles ,* la *tapissière ,* et beaucoup d'autres espèces, les œuvres du créateur étant variées à l'infini. Vous me demandez, Charlotte , pourquoi on appelle une espèce *abeille tapissière ?* C'est, mes amis, parce qu'elle tapisse sa petite demeure ; et voici comme elle s'y prend.

Elle fait un trou dans la terre , de la profondeur d'un des doigs de Henri ; elle va ensuite chercher de la fleur de coquelicot , et commence par tapisser l'entrée avec un petit rebord , de manière que l'on voit un petit trou dans la terre entièrement bordé de rouge ; elle retourne chercher de la même fleur, et tapisse tout l'intérieur en descendant ; enfin elle tapisse le fond : cette opération finie , elle dépose ses œufs dans le trou, avec une pâtée de miel pour la nourriture de ses petits quand ils écloront ; enfin elle détache les bords extérieurs de sa tapisserie , les pousse dans le trou , les recouvre de terre qu'elle bat pour l'affermir : rien n'est plus admirable.

LES PAPILLONS, LES CHENILLES ET LES VERS A SOIE.

Après quoi donc courez-vous si vite, Henri? Oh! c'est un papillon! Vous l'avez attrapé? ne serrez pas vos doigts, de peur de blesser la délicate et frêle créature. Vous croyez peut-être avoir pris un petit oiseau qui n'a fait que voltiger toute sa vie? Non, non, il n'en est pas ainsi. Tel que vous le voyez, si leste et si brillant, il n'y a que peu de jours qu'il rampait à terre sous la forme d'une chenille hideuse. En voici une. Regardez-la de tous vos yeux. Découvrez-vous sur son corps rien qui ressemble à des ailes? Non sans doute. Eh bien, cependant elle viendra papillonner un jour autour de cette fleur sur laquelle vous la voyez se traîner si pesamment aujourd'hui.

On compte plusieurs espèces de chenilles; mais je ne vous parlerai que des vers à soie, parce que c'est l'espèce dont l'histoire est la plus curieuse et la plus intéressante pour nous.

Les vers à soie, avant leur naissance, sont renfermés en de petits œufs que l'on conserve dans un lieu sec jusqu'au retour du printemps. Alors on les expose à une chaleur douce, et l'on en voit sortir de petits vers grisâtres que l'on met soudain sur des feuilles détachées d'un arbre qu'on appelle mûrier,

qu'ils aiment de préférence pour leur nourriture.
Ils grossissent fort vite, car aussitôt qu'ils sont nés ils
se mettent, d'un grand appétit, à manger de ces
feuilles, et ils mangent tout le long de la journée. Au
bout de neuf à dix jours leur peau se détache de leur
leur corps, et ils paraissent beaucoup moins hideux
avec leur robe nouvelle. Ils en changent trois fois
encore, de sept jours en sept jours, et à la dernière
ce sont de jolis vers très blancs, à peu près de la
longueur et de la grosseur de l'un de vos doigts. Ils
commencent bientôt à devenir jaunâtres et transparents; leur corps grossit et se ramasse, et ils cessent
absolument de manger : c'est le temps où ils se dis-
posent à se mettre à l'ouvrage. Ils grimpent le long
des petits brins de genêt ou de bruyère qu'on plante
autour d'eux en forme d'arcade, et attachent d'abord,
de tous côtés, des soies qu'ils filent un peu grosses,
pour y suspendre leur coque. Ils en forment l'exté-
rieur avec une espèce de bourre qu'on nomme
fleuret ; puis au-dessous de cette enveloppe grossière
ils commencent leur véritable coque, en appliquant
des fils plus déliés à cette bourre, qu'ils foulent continuellement avec leur tête, pour donner à l'intérieur
de leur édifice une forme ronde, et de la capacité
d'un œuf de pigeon. Dès le premier jour, ils se dérobent entièrement à l'œil, sous l'épaisseur de leur
travail; mais la besogne n'est pas encore achevée. Il
leur faut un ou deux jours de plus pour terminer en
dedans leur ouvrage. Le dernier tissu qui les envi-

ronne immédiatement est le plus difficile; car il est plus serré que l'étoffe la mieux fabriquée.

C'est de ces coques, appelées ordinairement cocons, que l'on tire d'abord le fleuret qui sert à faire la filoselle, et ensuite la soie employée dans nos ameublements et dans nos habits. Si nous venions à perdre ces insectes, il n'y aurait plus ni taffetas, ni satin, ni velours.

Pour retirer la soie, on jette dans l'eau bouillante tous les cocons, excepté ceux que l'on réserve pour avoir des œufs, comme je vous le dirai tout à l'heure. Les personnes accoutumées à ce travail en ont bientôt trouvé le premier bout. Elles sont obligées de joindre plusieurs brins ensemble, pour en faire un d'une grosseur raisonnable, et elles le dévident sur de petites bobines. Croiriez-vous que chacun de ces fils a près de mille pieds de longueur?

Je vous ai dit que l'on mettait à part les cocons destinés à donner des œufs. Si vous en ouvrez un avec des ciseaux, que pensez-vous que l'on trouve au dedans? un ver à soie? Oh! non, rien qui lui ressemble du tout. On n'y trouve plus qu'une chrysalide, c'est-à-dire un corps sans tête ni pattes qu'on puisse voir. Vous le prendriez pour une fève desséchée. Cependant, si vous touchez une de ses extrémités, vous le voyez se remuer un peu; ce qui annonce qu'il n'est pas mort. En effet là-dessous est un papillon bien emmailloté, qui déchire ses langes au bout de vingt jours, perce lui-même sa coque, et en sort avec deux yeux noirs, quatre ailes, de longues jambes, et un corps couvert d'une espèce de plumes. Le mâle et la femelle font aussitôt leur petit ménage; et lorsque celle-ci a pondu ses œufs, au nombre de quatre ou cinq cents, ils meurent l'un et l'autre, laissant pour l'année suivante une nombreuse famille propre à leur succéder.

Vous voudriez élever des vers à soie, Charlotte? Je serai bien aise que vous puissiez étudier de vos propres yeux les merveilles opérées par la nature dans les métamorphoses et le travail de ces insectes. Je vous laisserai volontiers la satisfaction d'en élever quelques-uns, et je me charge de vous instruire alors de tous les soins qu'ils demandent. Leur éducation entraîne beaucoup d'embarras dans le pays où l'inconstance des saisons exige qu'ils soient continuellement renfermés dans de grandes chambres. Il est des pays, au contraire, où ils naissent sur les mûriers, se nourrissent d'eux-mêmes, et filent parmi les feuilles. Ce doit être un joli coup d'œil de voir ces cocons briller comme des prunes d'or et d'argent, au milieu de la douce verdure.

Les différentes espèces de papillons sont très nombreuses : le nombre des espèces de chenilles est aussi grand, puisqu'il n'est pas un papillon qui n'ait été chenille, puis chrysalide, avant de prendre des ailes, comme je viens de vous dire du papillon de ver à soie, qui n'est lui-même qu'une chenille.

Une chose bien digne de notre admiration, c'est

l'instinct que la nature donne à toutes les chenilles
de se former une retraite pour le temps où l'état immobile de chrysalide les exposerait sans défense à
leurs ennemis. Les unes, à l'exemple des vers à soie,
filent des coques impénétrables où elles s'enveloppent; les autres se creusent sous terre de petites cellules bien maçonnées; celles-ci se suspendent par les
pieds de derrière; celles-là se lient par une espèce
de ceinture qui les embrasse et les soutient. C'est
ainsi que, sous une apparence de mort extérieure,
tout leur corps travaille, pour certaines espèces,
même pendant plus d'une année, à prendre la nouvelle forme qui doit renouveler leur existence, en les
faisant passer de la condition d'un ver obscur qui
rampe sous nos pieds à celle d'un oiseau brillant qui
voltige au-dessus de nos têtes.

Les variétés qu'on remarque entre les papillons les
ont fait partager en plusieurs classes : l'histoire de
chacune offre des particularités fort curieuses. Ces
insectes, qui, sous leur première forme, ne nous ins-
piraient que du dégoût et de l'horreur, deviennent,
sous leur forme nouvelle, les objets de notre admiration, et nous inspirent même en leur faveur une
sorte d'intérêt. L'éclat des couleurs dont leurs ailes
sont peintes; les sucs délicats dont ils se nourrissent;
le bonheur dont ils semblent jouir dans le court espace de leur vie; les métamorphoses par lesquelles
ils sont parvenus à cet état; tout en eux réveille des
idées gracieuses, et excite la curiosité sur une des-

tinée aussi singulière. J'espère que vous goûterez un jour autant de plaisir que moi-même à vous instruire de tous ces détails intéressants.

Je vous aurais encore parlé de plusieurs autres animaux dont l'histoire nous offrirait mille particularités admirables, tels que les castors, les fourmis, etc., etc. ; ou pourrais-je m'arrêter, si je cherchais à vous peindre tous ceux qui doivent vous intéresser par leur instinct, leur forme et leur industrie? Ces détails m'entraîneraient trop loin des limites que je me suis tracées. C'est à regret que je me borne à vous les annoncer pour être un jour l'objet continuel de vos études et de vos plaisirs. Ce que je ne cesserai jamais de vous dire, c'est que, lorsque vous aurez pris du goût pour ces connaissances, rien ne pourra jamais vous paraître indifférent dans la nature.

Malgré la quantité prodigieuse d'animaux que nos yeux peuvent découvrir, il en est sans doute un plus grand nombre encore de ceux que leur petitesse dérobe à notre vue. Toutes les feuilles des arbres, des plantes et des fleurs sont peuplées d'une infinité d'insectes invisibles; il n'est peut-être pas un grain de sable qui ne soit un monde pour ses habitants. Qui sait si un ciron n'est pas un éléphant aux yeux d'une foule d'autres créatures d'une espèce inférieure? Voici un microscope, c'est-à-dire un instrument qui grossit les objets, comme le télescope les rapproche. Charlotte, allez-moi, je vous prie, chercher ce vinaigre que je tiens, depuis quelques jours,

exposé au soleil. Je vais en mettre ici une goutte.
Approchez-vous et voyez. Doucement, Henri, ce
n'est pas tout d'être philosophe, il faut encore être
poli : laissez regarder votre sœur la première. A votre
tour maintenant. Eh bien, ne découvrez-vous pas
une multitude de petits animaux qui s'agitent avec
une extrême vivacité? Vous voyez, par cet exemple,
qu'une recherche attentive peut nous faire pénétrer
chaque jour de nouvelles merveilles. Quand notre vie
serait cent fois plus longue, nous ne viendrions jamais à bout de découvrir tout ce qui est digne de
notre curiosité.

Que dit votre frère, Charlotte? qu'il souhaiterait
que ses yeux fussent des microscopes? Hélas! mon
cher enfant, vous ne savez guère ce que vous désirez. Si vos vœux étaient accomplis, vous verriez, il
est vrai, des choses très surprenantes; mais aussi ce
que vousregardez maintenant avec plaisir deviendrait
pour vous un objet de dégoût et d'horreur. Un
homme vous paraîtrait si grand que vous ne pourriez
voir à la fois qu'une partie de sa taille; un bœuf vous
semblerait plus haut qu'une colline; vous prendriez
un ruisseau pour une rivière, un chat pour un tigre,
une souris pour un ours : vous seriez continuellement exposé à des méprises ridicules ou dangereuses.
Croyez-moi, contentez-vous de ce que vos yeux peuvent vous faire aisément connaître ce qui vous est
utile ou nuisible; aidez-vous des instruments inven-
tés pour suppléer à leur faiblesse dans les objets de

pure curiosité; et surtout restez convaincus, à l'exemple de Frédéric et de Maurice, que *l'homme est bien comme il est*, pour jouir de tout le bonheur qu'il peut goûter sur la terre.

LA TERRE.

Entrez, entrez, Henri. Approchez-vous, Charlotte. J'ai de grandes choses à vous expliquer aujourd'hui. Regardez ce globe. Savez-vous quel en est son usage? Oh! non, j'imagine. Eh bien! le croiriez-vous? si petit qu'il soit, il représente toute la terre.

Lorsque vous étiez plus jeunes encore, vous pensiez peut-être que le monde ne s'étendait pas au-delà de la ville que vous habitez, et que vous aviez vu tous les hommes et toutes les femmes qui le peuplent. A présent vous êtes un peu mieux instruits, car je crois vous avoir dit qu'il y a des millions de millions d'autres créatures semblables à nous. En vous promenant dans la ville, vous avez été surpris de la multitude d'habitants qui se pressent en foule le

long des rues, comme des abeilles dans une ruche,
aussi nombreux et aussi affairés ; ce n'est pourtant
que la moindre partie de ceux qui couvrent la face de
la terre.

La terre est un globe énorme : celui que nous
avons sous les yeux n'en est qu'une espèce de minia-
ture. Vous y voyez une infinité de lignes droites ou
tortueuses tracées sur toute sa rondeur, et peintes
les unes en rouge, les autres en jaune ou en vert, etc.
C'est pour distinguer les divers Etats, comme les
haies dans les champs distinguent les possessions des
divers particuliers.

Il n'était pas plus possible de retracer entièrement
toutes les parties de la terre sur ce globe, qu'il ne
l'était au peintre de faire entrer toute la grandeur du
visage de votre maman sur le tableau que je porte
mon bracelet. Vous voyez cependant que le portrait
lui ressemble ; et on aurait pu le faire encore plus
petit.

On pourrait de même, en réduisant ces lignes, les
retracer sur une orange ; en les réduisant un peu
plus, sur un abricot ; et toujours ainsi en diminuant,
sur une prune, une cerise, un grain de raisin. Allons
plus loin encore. Voici un pois. Vous voyez combien
il est plus petit que le globe ? Cependant nous pourrions, avec autant d'adresse que ce graveur qui grava
plusieurs mots sur un grain de millet, figurer en rac-
courci, sur ce pois, les grandes places jaunes, vertes, rouges, qu'on appelle France, Angleterre, Alle-

magne, etc. , assez bien pour montrer quels sont les
contours de ces pays, et leur situation l'un par rapport à l'autre.

De la même manière que ce pois ressemblerait au
globe, le globe ressemble à celui de la terre.

La surface de la terre n'est pas unie comme celle
de ce globe : elle est hérissée de hauteurs, de collines
et de montagnes. Mais quoiqu'elles nous paraissent
très élevées, et qu'elles le soient effectivement pour
d'aussi petites créatures que nous le sommes, elles
n'altèrent pas plus la rondeur de la terre que des
grains de sable posés sur ce globe n'en pourraient altérer la rondeur. C'est pourquoi nous disons toujours
qu'elle est ronde, malgré ses inégalités.

LA MER.

TOUT ce que nous appelons le monde n'est pas composé d'une matière solide comme le sol que nous fou-
lons à nos pieds. Entre les différentes parties de la
terre il y a des places creuses et remplies d'eau. Les
plus grandes que vous voyez répandues çà et là sur le
globe sont appelées océans ou mers. Il y en a de
moins étendues qu'on appelle lacs ou étangs. Elles
ont cela de commun qu'elles sont toujours renfer-

mées entre les mêmes bords. Il y en a d'autres, au
contraire, tels que les ruisseaux, les rivières et les
fleuves, qui changent sans cesse de rivage, c'est-à-
dire qu'ils ont un écoulement qui leur fait successivement parcourir différents pays. Ce ne sont d'abord
que des fontaines et des filets d'eau qui jaillissent de
la terre. Sitôt qu'ils commencent à prendre un certain cours, on les appelle ruisseaux. Ces ruisseaux,
dans leur route, se réunissent à d'autres ruisseaux,
et forment ce qu'on appelle une rivière. Les rivières, en continuant de courir, reçoivent dans leur
sein d'autres rivières ou ruisseaux, et vont se décharger dans les fleuves, qui vont à leur tour se décharger dans la mer.

Vous voyez que la plus grande partie du globe est
occupée par les eaux. Supposons que Henri aille dé-
terrer une fourmilière et la porte sur ce globe ; elle
pourrait servir à représenter les peuplades qui habitent la terre. Comme il n'y a de l'eau qu'en peinture
sur le carton, les fourmis seraient libres d'aller par
le chemin qu'elles voudraient. Mais si ces endroits
étaient creusés à une grande profondeur, et qu'ils
formassent des rivières et des mers véritables, comment pourraient-elles aller à travers ces grands espaces d'eau ? Il en est de même à notre égard : nous
n'aurions jamais pu atteindre ces lieux dont la mer
nous sépare, si l'imagination et l'industrie n'étaient
venues à notre secours.

Je me plais à imaginer que c'est à des enfants

peut-être que nous devons la première idée de la navigation.

Le premier qui, en jouant sur le rivage, vit une écorce d'arbre flotter sur un ruisseau, prit un long bâton pour l'arrêter au passage. En cherchant à l'attraper, il vit que l'écorce ne s'enfonçait dans l'eau que par une certaine pression. Lorsqu'il s'en fut saisi, il y mit des cailloux, de l'herbe, tant que l'écorce put en porter sans couler à fond. Il la suivit un moment des yeux, et courut plein de joie chercher son papa, pour le rendre témoin de cette nouveauté. Celui-ci, en se promenant le lendemain, trouva un arbre énorme dont le tronc était creusé par les ans. Il le dépouilla de ses branchages et de ses racines, et le jeta dans l'eau, où il le vit se soutenir à merveille. Peu à peu il eut le courage d'y entrer. Après quelques essais le long du rivage, il imagina, avec l'aide de deux perches pour se diriger, de traverser le ruisseau. Cette écorce ne résista pas longtemps aux secousses qu'elle essuyait en abordant sur la plage; elle se fendit, et le pauvre navigateur courut risque de se noyer. Il comprit alors qu'il lui fallait un bateau plus solide, et il se mit à creuser le tronc d'un arbre dépouillé de son écorce, pour naviguer avec plus de sûreté. Dans le même temps, sans doute, à la vue de quelques branchages flottants sur les ondes, on eut l'idée de lier plusieurs pièces de bois ensemble pour en former ce qu'on appelle un radeau, comme ces trains de bois qu'on amène sur

la rivière à Paris. En les comparant l'un avec l'autre,
on vit que le tronc d'arbre était trop petit pour un
homme et son équipage, et que la moindre vague,
en s'élevant sur le radeau, mouillait toute la cargaison. On chercha le moyen de réunir les avantages de
l'un et de l'autre, en évitant les inconvénients auxquels chacun était sujet ; et comme les arts et les instruments s'étaient perfectionnés dans cet intervalle,
on imagina de dégrossir les pièces de bois qui for-
maient le radeau, de les courber, et de les réunir
ensemble par des chevilles, sous la forme du tronc
d'arbre creusé. C'est ainsi que fut construit le premier canot, qui fut d'abord bien petit sans doute.
On l'agrandit peu à peu, selon la largeur des rivières qu'on avait à traverser. Mais de ces frêles bâti-
ments, à peine capables de porter quatre ou cinq
hommes, qu'il y avait loin encore à un vaisseau de
guerre qui porte douze à quinze cents hommes avec
leurs provisions pour six mois, des munitions immenses, avec tout l'attirail des cordages et des voi-
lures ! Comme vous n'avez pas vu de vaisseau de
guerre, je ne puis vous donner une idée de cette différence qu'en vous priant de comparer la guérite de
la sentinelle qui est à la porte des Tuileries avec ce
superbe château.

Imaginez-vous, mes amis, quelle fut la surprise de
l'homme qui, descendant le fleuve dans un petit es-
quif, parvint à son embouchure, c'est-à-dire à l'endroit où le fleuve se jette dans la mer.

Transportez-vous un instant vous-mêmes sur ses
bords, dans votre pensée : voyez ces vagues immenses, roulant l'une sur l'autre à grand bruit, s'avancer
avec majesté sur le rivage, et le couvrir de flots blan-
chissants d'écume. Vous avez vu cet étang qui est
dans le voisinage : il a assez de profondeur pour
qu'un homme qui marcherait sur le fond eût de l'eau
par dessus sa tête. Mais cet étang, en comparaison
de la mer, est moins encore qu'une goutte d'eau en
comparaison de l'étang. Regardez sur le globe quel
espace elle y occupe. Mesurez en même temps des
yeux les plus vastes contrées; vous verrez que la mer
est beaucoup plus étendue. En quelques endroits elle
est si profonde que la plus longue ficelle, avec un
plomb au bout, n'en peut atteindre le fond. Ainsi
tâchez de vous représenter quelles idées d'admiration
et d'effroi durent saisir cet homme au premier coup
d'œil. Il s'imagina sans doute que cette masse d'eau
formait les dernières barrières de la terre. Comme le
vent soufflait en ce moment avec violence, il conçut
sans peine que sa petite chaloupe serait bientôt abî-
mée sous les flots. Il résolut, avec ses compagnons,
d'en construire une plus grande, pour suivre du
moins la mer le long de ses rivages. La navigation fut
longtemps bornée à ces courses timides; mais de jour
en jour les vaisseaux acquéraient plus de perfection.
Enfin un homme d'un génie plus hardi que les autres
se persuada qu'au-delà de ces vastes mers il y avait
d'autres terres, et il forma le dessein de les visiter. Il

partit, et il eut la satisfaction de se convaincre par
lui même de la réalité de ses espérances. D'autres
après lui entreprirent d'aller plus loin encore. Croiriez-vous que, dans leur course, ils passèrent par un
point du monde qui se trouve exactement sous nos
pieds, à la distance de toute l'épaisseur du globe de
la terre? vous me regardez d'un air ébahi. Rien de
plus vrai pourtant, et j'espère, avant la fin de nos
entretiens, vous rendre la chose sensible.

Contentez-vous maintenant de croire, sur ma parole, que l'on peut faire sur un vaisseau le tour entier du monde. Je vais vous donner une idée de ce
qui est nécessaire pour une expédition de long cours.

Avant de venir à la campagne, je vous ai montré
en petit, chez un machiniste, le modèle d'un vaisseau avec ses mâts, ses voiles et ses cordages, dont
on vous a fait le détail. Vous en avez suivi la description avec trop de curiosité pour que je puisse croire
que vous en ayez déjà perdu le souvenir. D'ailleurs
vous avez fait une fois le voyage d'Auteuil par la galiote de Saint-Cloud, ce qui est à votre âge un fort
joli commencement de navigation.

Si le vaisseau n'est pas nouvellement construit,
avant de s'embarquer on commence à le réparer à
neuf, c'est-à-dire à faire entrer de force, entre les
jointures des planches qui le doublent, de grosse filasse qu'on nomme étoupe, et à le bien enduire de
poix et de goudron, pour le rendre impénétrable à
l'eau, qui pourrait le faire couler à fond si elle en-

trait par ces fentes. Il faut que les mâts soient bien
solides, et les voiles en bon état, pour résister à la
force des vents. Alors on porte dans le vaisseau une
grande quantité de biscuit bien sec, au lieu de pain
qui se moisirait bientôt ; plusieurs tonneaux d'eau
douce, parce que l'eau de mer est trop amère pour
qu'on puisse la boire ; enfin des barils de viande salée, attendu que la viande fraîche ne tarderait guère
à se corrompre, et qu'on ne trouve point de boucherie sur la route. On emporte des légumes secs pour
faire la soupe des matelots durant toute la traversée.

Un vaisseau marchand, outre ces provisions de
bouche, prend encore une cargaison, c'est-à-dire des
denrées et des marchandises qu'on se propose de
vendre dans les pays étrangers, ou d'y échanger contre les productions de l'endroit. C'est ainsi que nous
envoyons en Amérique du vin, de la farine, des toiles, des étoffes, etc., et que nous en rapportons du
sucre, du café, du coton, que vous connaissez à
merveille, et de l'indigo, qui sert à faire des teintures en bleu.

Les vaisseaux doivent aussi emmener un certain
nombre d'hommes, les uns plus, les autres moins,
à proportion de leur grandeur. Ces hommes s'appellent matelots ; et ils ont toujours beaucoup d'ouvrage
à faire sur le bord, surtout dans les temps orageux.
Représentez-vous en effet un pauvre navire ballotté
par la mer en furie, dont les vagues s'élèvent de la

6..

hauteur d'une maison, et semblent le lancer dans les
airs, pour le précipiter ensuite dans les abîmes ; représentez-vous ses voiles déchirées, ses mâts brisés,
ses cordages rompus : c'est alors que les matelots ont
une terrible besogne ! Les uns sont occupés à faire
jouer la pompe pour vider l'eau qui est entrée dans
le vaisseau ; les autres grimpent sur des échelles de
corde jusqu'au bout des mâts, pour baisser les voiles, de peur que la violence de la tempête ne fasse
renverser le navire, ou ne le pousse contre les rochers, qui le briseraient comme un verre. Vous
mourriez, j'en suis sûre, de frayeur dans cette occasion. Mais les marins, avec du courage et de la présence d'esprit, se jouent en quelque sorte de ces
bourrasques. Ils veillent surtout à conserver leur
gouvernail, cette grosse pièce de bois qui descend
dans l'eau le long du derrière du navire, comme une
espèce de queue, et qui, tournée à droite ou à gauche, lui fait changer de direction, comme vous voyez
ces poissons rouges, enfermés dans un bocal sur
ma cheminée, se servir de leur queue pour tourner
à leur volonté d'un côté ou de l'autre.

Vous auriez de la peine à croire que les matelots
craignent presque autant que la tempête l'état opposé
de la mer, c'est-à-dire un calme profond. Dans cette
situation, les ondes que je vous ai peintes tout à
l'heure si enflées et si turbulentes sont tranquilles et
unies comme une glace ; les voiles tombent applaties
le long des mâts ; la mer semble dormir, et le vais-

seau immobile est comme un tombeau qui renferme-
rait des êtres vivants. On dirait que ces matelots si
actifs et si vigoureux sont frappés d'un engourdissement léthargique. Vous auriez pitié de les voir, les
bras croisés sur le pont, se livrer au dégoût et à
l'ennui. Mais aussi quelle joie lorsque le vent recommence à s'élever, que les voiles se renflent, que la
mer s'agite, et que d'un cours heureux ils s'avancent vers le port, objet de leur désir ! Déjà le capitaine, sa lunette en main, cherche le rivage. Les
mousses, perchés au plus haut du vaisseau, le sollicitent avidement des yeux. Enfin un cri s'élève :
Terre ! terre ! Toutes les fatigues, tous les dangers
sont oubliés. On s'embrasse, on presse la manœuvre, on entre dans le port, et l'on en prend position
en y jetant, au bout d'un long câble, une grosse
pièce de fer nommée ancre, dont les deux bras re-
courbés en crochet s'attachent au fond de la mer, et
qui, par ce moyen, retient le vaisseau dans l'endroit
où il vient de s'établir. On se précipite alors dans
une chaloupe, et on aborde la terre, que la plupart
baisent de joie, comme après une longue absence
vous embrasseriez votre maman.

Mais je viens de vous peindre le vaisseau déjà parvenu au terme de son voyage, tandis que nous l'a-
vons laissé dans les préparatifs de son départ. Il est
temps d'aller le rejoindre, de peur qu'il ne s'esquive
à notre insu. Aussitôt qu'il a reçu toutes ses provisions et toutes ses marchandises, et qu'il est prêt à

mettre à la voile, le capitaine et les matelots n'ont
plus qu'à attendre un bon vent pour partir. Je pense
qu'il faut d'abord vous apprendre ce que c'est qu'un
bon vent. Allons un peu dans le jardin. Il est midi.
Plaçons-nous en face du soleil. De cette manière
votre visage est tourné vers le midi, et vous tournez
le dos au nord; à votre main droite est l'ouest, et
l'est à votre gauche. Or, vous sentez que, lorsque le
vent souffle derrière vous, il tend à vous pousser en
avant; lorsqu'il vous donne au visage, il tend à vous
pousser en arrière. Vous en avez fait mille fois l'observation par votre cerf-volant. Mais il ne souffle pas
toujours du même endroit. De quel côté souffle-t-il à
présent, Henri? Tirez votre mouchoir, prenez-en
deux bouts dans vos mains, écartez vos bras. Voyez-
vous? le vent le fait renfler et le pousse contre votre
corps et contre vos jambes. Vous êtes tourné vers le
midi; le vent vient donc du midi. Rentrons maintenant, et retournons à notre globe. Voici les quatre
points que je vous ai fait remarquer : Midi, Nord,
Est, Ouest. Lorsque le vaisseau veut aller dans un
pays qui est au nord, il faut qu'il ait un vent du
midi, qu'on appelle ordinairement du sud, pour le
pousser de ce côté; car si le vent venait du nord, il
lui serait impossible d'aller vers cet endroit; en sorte
qu'un voyage devient quelquefois plus long qu'il
n'aurait dû l'être par l'inconstance des vents, qui
changent d'un point à l'autre, et qui obligent par
conséquent le vaisseau de changer de direction. Ne

croyez pas toutefois qu'on soit obligé de retourner
sur ses pas pour chaque variation du vent : l'art de
la navigation apprend aux marins une méthode de
gouverner le vaisseau qu'on appelle louvoyer, et qui
consiste à courir en zigzag, tantôt à droite, tantôt à
gauche, en s'approchant par degrés du lieu où l'on
tend; au lieu qu'un vent favorable y porterait tout
droit, sans avoir besoin de cette pénible manœuvre.

C'est une chose bien surprenante, mais qui n'en
est pas moins vraie, que, dans quelques parties de la
mer, le vent souffle constamment chaque année des
mois entiers du même côté; ce qui facilite extrême-
ment aux vaisseaux le moyen d'atteindre leur destination : puis après quelques jours, et souvent même
un mois de calme, le vent change, et souffle précisément du point opposé; ce qui ramène les vaisseaux
à pleines voiles aux lieux d'où ils sont partis. Vous
comprenez bien que les marins s'arrangent en conséquence, et qu'ils savent profiter tour à tour de
ces directions contraires. On appelle ces vents mous-
sons, ou vents de commerce. Les flèches peintes sur
le globe marquent les endroits particuliers vers lesquels ils soufflent.

Lorsque le vaisseau est en pleine mer, on est fréquemment des mois entiers sans voir autre chose autour de soi que le ciel et l'eau. Transportez-vous.
par exemple, au milieu de la grande mer 'du Sud.
La terre, de tous côtés, en est très éloignée, et il

n'y a point de traces marquées sur la surface des
eaux pour montrer le chemin le plus court vers l'endroit où l'on veut aller. Mais ceux qui ont fait ces voyages ont tenu le compte le plus exact qu'il leur a été
possible des rochers qu'ils ont évités, des petites îles
qu'ils ont rencontrées, et d'autres particularités qui
servent à ceux qui viennent après eux de règle pour
se diriger. On a rassemblé toutes les observations
faites sur les différentes parties de la mer, et, d'après
elles, on a formé des tableaux appelés cartes marines, dont tous les vaisseaux ont soin de se pourvoir.
En consultant ces cartes, ils trouvent le moyen d'é-
viter les rochers, les bancs de sable, les gouffres, et
tous les autres dangers que l'on doit craindre dans
cette partie.

Malgré ces secours, on serait encore bien embarrassé si l'on n'avait la précaution d'emporter une
boussole. Vous allez me demander ce que c'est : je
ne demande pas mieux que de vous le dire. C'est un
instrument qui a l'air d'un cadran de pendule, excepté qu'au lieu des heures, on a mis les points Est,
Ouest, Nord, Sud, et tous ceux qui se trouvent entre ces quatre principaux. Dans le milieu s'élève un
un petit pivot sur lequel est légèrement suspendue
une aiguille qui, étant dans un parfait équilibre, a
la liberté de se mouvoir tout autour du cadran. On
frotte l'aiguille avec une pierre d'aimant, ce qui lui
donne la singulière propriété de tourner toujours sa
pointe vers le nord. De cette manière, quand on re-

garde la boussole, on peut toujours voir de quel
côté le nord se trouve, et diriger son vaisseau en
conséquence, soit qu'on veuille aller vers ce point,
ou s'en éloigner.

Puisque je vous ai parlé de l'aimant, il faut bien
que je cherche à vous le faire connaître. C'est une
espèce de pierre qui ressemble au fer, et qu'on trouve
dans les mines avec ce métal. Il attire à lui le fer et
l'acier, et se les attache étroitement. Si vous le frot-
tez contre de l'acier ou du fer, il leur communique
sa vertu, quoique dans un moindre degré de force.
Vous verrez un jour des expériences très curieuses à
ce sujet. En attendant, en voici une petite pierre.
Seriez-vous curieux de voir l'effet qu'elle produit sur
mes aiguilles ? Fort bien. Je vais renverser mon étui
sur la table. Les voilà immobiles. Approchez-en l'aimant. Hé ! hé ! voyez-vous comme elles s'agitent ? on
dirait qu'elles sont vivantes. N'allez pas le croire, au
moins : elles n'ont ce mouvement que parce que l'aimant les attire. Elles seraient parfaitement tranquilles hors de son approche.

Je vous ai dit que l'aimant communiquait au fer et
à l'acier la vertu qu'il a de les attirer ; donnez-moi
votre couteau, Henri : je vais en faire l'expérience
devant vous. Observez comme je frotte d'un bout à
l'autre, et toujours sur le même sens. Approchez-le
maintenant des aiguilles. Eh bien ! ne font-elles pas à
peu près le même exercice que si elles étaient appro-
chées d'une véritable pierre d'aimant ? Vous seriez

curieux de savoir comment cela s'opère, n'est-ce
pas? De plus habiles que moi se trouveraient embar-
rassés à vous l'expliquer. Votre ami vous fera connaître un jour les opinions les plus raisonnables des
philosophes sur cet objet. Contentons-nous à présent de nous féliciter de cette heureuse découverte,
qui a tiré mille et mille fois les marins d'un grand
embarras. Représentez-vous en effet un vaisseau au
milieu d'une nuit obscure ou de sombres brouillards,
ne pouvant consulter le soleil ni les étoiles qui lui
serviraient pour guider sa marche. Que ferait-il sans
sa boussole? Il serait obligé de s'abandonner au hasard, et prendrait souvent une route contraire à celle
qu'il veut tenir. Mais sa boussole est toujours prête
à le remettre sur la voie. C'est un guide qu'on peut
interroger en tout temps, et qui ne trompe jamais.

Il me semble voir sur votre mine, Charlotte, que
vous n'y prendriez pas encore trop de confiance. On
aurait, je crois, de la peine à vous persuader de faire
un petit tour en Amérique. Pas tant, dites-vous, s'il
n'y avait pas d'eau dans l'intervalle qui nous en sépare. Avez-vous bien réfléchi à ce qui vient de
vous échapper? Voyez-vous cette île qu'on appelle la Martinique? Elle est éloignée des ports de
France de plus de quinze cents lieues. Cependant il y
a des exemples de vaisseaux qui n'ont employé que
vingt jours à faire cette traversée, ce qui suppose à
peu près une vitesse de trois lieues par heure. Si l'on

avait ce trajet à faire sur la terre ferme, emportant
avec soi, sur des chariots, toutes les marchandises
dont un navire est chargé, croyez-vous que six mois
pussent suffire à ce voyage, et qu'il ne fallût pas au
moins cent fois plus de dépense? Je suppose enfin
que nous aurions de beaux chemins bien alignés.
Mais si, au lieu de ces belles routes, nous
avions toutes les profondeurs de la mer à des-
cendre et à monter, des gouffres presque sans
fond à franchir, cette expédition vous semblerait-elle
aussi agréable? Voilà pourtant ce qui arriverait si la
mer en se retirant laissait son lit à sec; et je crois
maintenant que si vous aviez de toute nécessité le
voyage à faire, et l'une des deux manières à choisir,
la mer, malgré tous ses dangers, vous paraîtrait mériter la préférence.

Qu'en dites-vous pour votre compte, Henri? Oh!
vous voudriez des ailes. Cela ne vous paraît pas mal
imaginé. Je vous avouerai que moi-même, en voyant
les oiseaux voltiger sur ma tête, et parcourir les espaces de l'air avec tant de vitesse, j'ai souvent désiré
d'être pourvue d'une bonne paire d'ailes comme eux.
Eh bien! j'étais alors aussi folle que vous l'êtes à présent, mon petit ami; car si nous considérons de
quelle étendue elles devraient être pour soutenir des
corps aussi lourds que les nôtres, je suis persuadée
qu'elles nous causeraient plus d'embarras qu'elles ne
sauraient nous procurer d'avantages, et que nous
sommes plus heureux d'en être privés. De plus, si

nous avions à traverser un si grand espace, n'aurions-
nous pas besoin de nous reposer par intervalles? et
ne courrions-nous pas risque de nous briser en mille
pièces, en descendant, les ailes déployées, dans les
abîmes que je viens de vous peindre?

Je reviens à vous, Charlotte, pour le projet que
que vous aviez tout à l'heure, de dessécher d'un sou-
fle le lit de la mer. Savez-vous ce que cette belle
imagination nous aurait coûté? Le dépérissement de
la nature entière. Vous frémissez du risque auquel
vous nous avez exposés. Rassurez-vous ; le Créateur,
qui a su disposer toutes choses avec tant de sagesse pour notre bonheur, n'écoute point nos vœux
téméraires. Cette mer, qui semble à chaque instant
menacer la terre de l'engloutir, est la source de sa
fertilité. C'est elle qui lui fournit ces douces ondées
qui la fécondent et qui rafraîchissent ses habitants.
Vous avez eu souvent occasion de voir de l'eau exposée sur le feu produire des vapeurs qui s'attachent
en gouttes au couvercle du vase qui la contient :
c'est ainsi que la chaleur, produite par la présence
du soleil, fait exhaler de la mer des vapeurs qui s'é-
lèvent dans les airs, d'où elles retombent ensuite en
pluie, en neige ou en rosée, soit pour féconder la
terre par une humidité bienfaisante, soit pour entretenir les ruisseaux, les rivières et les fleuves qui la
baignent et facilitent les communications entre les
différents peuples de l'univers. Je ne puis à présent
vous donner qu'une idée légère de cette admirable

opération de la nature. Mon dessein n'est pas de faire
de vous des savants, mais d'exciter un peu votre curiosité, sans fatiguer votre attention ni votre intelligence. Vous trouverez un jour des détails plus étendus dans l'ouvrage de votre ami.

En nous entretenant de la terre, dans les premières parties de ce livre, je vous ai parlé des animaux
qu'elle nourrit, et de ses productions naturelles.
Vous semblez désirer que je vous fasse également connaître ce qui nous vient de la mer. Je me fais un plaisir de vous donner cette satisfaction.

LES POISSONS.

Les habitants des eaux sont les poissons, dont
les différentes espèces sont tout au moins aussi nombreuses que celles des animaux terrestres. Il en est
d'une grandeur si étonnante que je ne saurais à
quoi les comparer : il en est au contraire d'une
petitesse qui les dérobe à la vue ; quelques-uns très
jolis à voir, quelques autres d'un aspect hideux.

Vous avez vu souvent servir sur nos tables des turbots, des soles, des merlans, des brochets, des do-
rades, des esturgeons, et une infinité d'autres, dont

vous avez trouvé la chair d'un goût délicieux; tous
ceux-là se prennent sur nos côtes. Les pêcheurs,
montés sur leurs barques, n'ont qu'à s'avancer un
peu dans la mer et laisser tomber leurs filets pour
les attraper en grande abondance. Ils les amènent
aussitôt dans le port, et de là ils sont dispersés dans
tous les lieux où ils peuvent arriver avant de se corrompre.

Il en est en revanche qu'il faut aller chercher un
peu loin, tels que la baleine, la morue et le hareng.
Je vais vous en parler avec quelque détail, parce que
cette pêche est plus considérable, et qu'elle offre des
particularités dignes de votre attention.

LA BALEINE.

On peut donner à la baleine le titre de reine de
l'Océan. Sa grandeur est énorme : quelques-unes ont
deux cents pieds de long. Vous avez trois pieds, Henri ; ainsi une baleine est soixante fois plus longue
que vous, et vingt fois plus grosse. Un homme pourrait se tenir à l'aise dans ses entrailles. Elle a une
grande queue, capable, par sa force, de renverser
d'un seul coup un vaisseau ; ce qui rend sa pêche
très dangereuse. Voici comme elle se fait :

Cinq ou six hommes montent sur une chaloupe ;
l'un se tient sur le bord. Aussitôt que la baleine s'é-
lève du fond de la mer pour respirer, il lui lance
sur le dos un crochet long d'environ six pieds, et
qui tient à une longue corde. La baleine, se sentant
blessée, plonge aussitôt pour se dérober à d'autres
coups. On file la corde de toute sa longueur, et on
suit l'animal à la trace de son sang. Le besoin de respirer la fait bientôt remonter, et on lui lance de
nouveaux harpons, jusqu'à ce qu'elle meure de ses
blessures. Alors elle surnage, et le vaisseau qui suit
la chaloupe vient la prendre. Lorsqu'elle est trop
grande, on la traîne sur le rivage pour la couper en
morceaux ; mais si elle n'a que cinquante ou soixante pieds de long, on en fait une espèce de ceinture au vaisseau, et les matelots, avec des bottes
dont la semelle est armée de crampons, de peur
de glisser, descendent sur son corps et la dépouillent de sa graisse, dont on remplit des tonneaux.
C'est cette graisse qui, étant bouillie, rend l'huile
dont on se sert ordinairement pour brûler dans les
lampes, pour 'préparer la laine, les cuirs, et pour
une infinité d'autres usages. Les buscs du corset de
votre sœur, et les baleines de mon parasol, ne sont
que des poils de sa barbe ; ils lui servent à ramasser les plantes marines, les vers et les insectes dont
elle se nourrit. Elle mange aussi des petits poissons,
tels que les anchois, les merlus, et surtout les harengs, dont elle est très friande. Ses petits, lorsqu'ils

finissent de téter, sont de la grosseur d'un taureau.

Outre le danger d'être renversés par la queue de
la baleine, ou par l'eau qu'elle lance en colonnes
par deux trous ouverts sur la tête, les pêcheurs
courent un autre risque non moins affreux. Comme
cette pêche se fait ordinairement dans une mer que
la rigueur du climat couvre de glaces, les vaisseaux
sont quelquefois brisés par les glaçons, ou s'en trouvent tout-à-coup enveloppés, de manière que l'é-
quipage est réduit à périr de froid.

LA MORUE.

La chair de la baleine n'est pas bonne à manger;
celle de la morue, au contraire, est d'un goût délicieux. Elle fait presque la seule nourriture d'une très
grande partie des peuples du Nord, qui ne recueil-
lent chez eux que peu de fruits et de blé. Ils en font
sécher une partie, qu'il mangent au lieu de pain, et
ils vendent le reste à des marchands qui vont les
acheter à vil prix, pour les répandre en différentes
contrées.

Mais cette pêche n'est rien en comparaison de celle

qui se fait bien loin d'ici, au banc de Terre-Neuve,
qu'on appelle le grand banc des morues. Il s'y rend
des vaisseaux de tous les coins du monde. Vous
pourrez vous former une légère idée de la grande
qualité de poissons que l'on y prend, quand vous
saurez que la pêche dure trois mois entiers, depuis
le mois de janvier jusqu'à la fin d'avril; que cinquante
mille hommes au moins y sont employés, et que chacun prend trois ou quatre cents morues par jour. Ces
animaux sont si voraces qu'il suffit pour les amorcer
d'un morceau d'étoffe rouge, ou d'un hareng de fer
blanc, d'où pend l'hameçon. En jetant dans la mer
les entrailles de ceux que l'on a déjà pris, ont attire
les autres, qui viennent pour les dévorer en si grande
foule qu'ils se pressent les uns sur les autres, au
point que leurs nageoires sont au-dessus de l'eau.

La morue verte, et la morue sèche appelée ordinairement merluche, ne sont que le même poisson
diversement préparé. Il suffit de saler la première
aussitôt qu'on vient de la vider, parce qu'on la
mange dans l'année ; l'autre doit rester exposée pendant quelques jours au vent du nord, qui est si froid
et si pénétrant qu'il la dessèche, et la met ainsi en
état d'être conservée pendant plusieurs années de
suite, sans se gâter. On en fait des tas plus hauts que
des maisons, et on en remplit ensuite la cale des
vaisseaux qui nous les apportent.

LE HARENG.

Une pêche plus considérable encore est celle des harengs. La multiplication de ces poissons est prodigieuse. Aussitôt qu'ils ont déposé leurs œufs sous les glaces du nord, où leurs ennemis ne peuvent pénétrer, ils partent pour aller chercher leur nourriture en d'autres mers. Ils nagent en grandes colonnes, qui s'élargissent ou se rétrécissent au signal qu'ils reçoivent de leurs conducteurs. Ils forment quelquefois une ligne de plus de cent lieues de front; puis ils se séparent par grosses troupes, pour se répandre en divers quartiers; et enfin, après avoir parcouru une grande partie du globe, ils se réunissent, et reviennent, par deux colonnes opposées, aux lieux d'où ils sont partis.

On est averti de leur passage par les oiseaux de mer qui volent au-dessus de leurs têtes pour les saisir quand ils approchent de la surface de l'eau, et par les baleines et d'autres gros poissons qui les suivent toujours comme une proie assurée. La pêche commence le lendemain de la Saint-Jean. Elle ne se fait que la nuit, soit parce qu'il est plus facile de les distinguer à la lueur que jettent leurs yeux et leurs écailles, soit parce qu'on peut les attirer par l'éclat des lanternes qu'on allume le long des filets. Ces feux, qu'ils prennent pour le jour, servent aussi à les éblouir, et à les empêcher de voir le piége qu'on leur a tendu. Il est impossible de se figurer le nombre que l'on en prend dans vingt jours à peu près que dure cette pêche. Les filets, qui ont plus de douze cents pieds de longueur, rompent sous le poids. Il est tel port de la Hollande d'où il part plus de trois cents barques pour cette expédition ; et l'on y compte environ cent mille hommes dont elle occupe les bras.

Les harengs frais se préparent, comme la morue, par la salaison. Les harengs saurs, après avoir été exposés pendant six semaines à la fumée, deviennent secs, comme vous les voyez. On les met ensuite dans des barils, bien serrés les uns contre les autres, et on les envoie dans presque toutes les parties du monde, pour servir à la nourriture des pauvres.

Quand je vous ai dit que les différentes espèces d'animaux qui vivent dans la mer étaient tout au moins aussi nombreuses que celles des animaux terrestres, vous n'avez pas entendu que je vous fasse une description particulière de chacun. Je n'ai voulu vous faire connaître que ceux dont vous pouvez entendre parler tous les jours, ou que vous avez occasion de voir le plus souvent. Je me flatte que, lorsque votre intelligence sera un peu plus formée, vous vous empresserez de vous-même de vous instruire davantage ; et je puis vous promettre d'avance que vous y trouverez infiniment de plaisir. Savez-vous pourquoi

il y a tant de personnes ignorantes dans le monde ?
C'est que l'on a négligé , dans leur enfance , de leur
présenter les objets qui étaient à leur portée , et de
les accoutumer ainsi à observer de bonne heure les
merveilles de la nature. Les pauvres gens ! il faut les
plaindre , sans leur faire de reproches, puisqu'ils
n'ont pas trouvé de secours pour leur instruction.
Mais aujourd'hui que les enfants ont tant de bons livres destinés à leur former l'esprit et le cœur, ne serait-il pas honteux qu'ils fussent méchants ou mal
instruits ? En tout cas, malheur à ceux qui le seront !
puisque les bons principes étant aujourd'hui très répandus, ils ne pourront pas , comme autrefois , se
cacher dans la foule pour se sauver du mépris. Ils
trouveront de toutes parts des yeux éclairés qui ,
d'un seul regard, découvriront leurs vices ou leur
ignorance ; ils seront forcés de vivre seuls, abandon-
nés aux dédains des autres , et au sentiment, peut-
être plus cruel encore de leur propre indignité.

Mais revenons à nos poissons. N'allais-je pas oublier de vous dire qu'ils n'ont point de jambes ? De
quel air vous me regardez, Henri ! Pardon, monsieur ; je ne me doutais pas encore à quel observateur je parlais. Permettez-moi cependant de vous apprendre pourquoi ils n'en ont point. C'est parce
qu'ils ne sauraient en faire usage, et qu'elles ne feraient que les embarrasser. Comme ils ne sortent
point de l'eau, elles leur seraient aussi inutiles pour
nager que des nageoires nous seraient inutiles pour
marcher sur la terre.

N'allez pas croire, d'après cela, que tous les poissons aient des nageoires. La nature, qui n'a rien
épargné pour nous donner tout ce qui nous est nécessaire, est en même temps assez économe pour ne
nous donner rien de superflu. C'est pour cela que les
huîtres et les moules, qui passent leur vie attachées
à l'endroit où elles ont pris naissance, ne sont pas
pourvues d'un instrument qui ne leur servirait à rien.

L'ESPADON.

L'ESPADON est un animal très grand, puissant et
vorace, qui s'étend quelquefois à une longueur de
dix-neuf à vingt pieds. Le corps est d'une forme co-
nique, noir sur le dos et blanc sous le ventre ; la
gueule est large et dépourvue de dents ; la queue est
très fourchue. La propriété particulière de ce poisson consiste dans sa mâchoire supérieure, prolongée
en forme de glaive.

On trouve quelquefois l'espadon sur les côtes de
l'Angleterre ; mais il est fort commun sur la Méditerranée. Les Siciliens estiment sa chair autant que
celle de l'esturgeon.

L'espadon est d'une vigueur étonnante. Le vaisseau
de guerre le Léopard, au retour d'une croisière, fut
frappé par un de ces poissons. Quoique le coup fût
donné pendant que le poisson suivait le vaisseau, et
qu'il fût nécessairement moins fort que s'il eût été
donné dans une direction opposée, le glaive pénétra
à travers un pouce du doublage, trois pouces du
bordage, et entra de près de quatre pouces dans les
couples ; le glaive se brisa du choc. Pour enfoncer
une clavette à la même profondeur dans le bois, il
faut ordinairement huit ou neuf coups d'un marteau
de vingt-cinq livres pesant ; le poisson n'eut besoin
que d'un seul coup de son armure. On conserve au
musée britannique un bordage de vaisseau qu'un de
ces poissons perça de toute la longueur de son glaive,
effort qui coûta la vie au monstre.

Ce poisson ne rencontre jamais la baleine qu'il
ne l'attaque aussitôt. Quelquefois deux espadons se
réunissent contre la baleine ; celle-ci a recours à son
énorme queue ; mais les espadons esquivent ordinairement ses coups redoutables et chargent leur en-
nemie de leurs propres armes : la baleine plonge en
vain ; elle est poursuivie et serrée de près ; enfin elle
est forcée de céder le champ de bataille. Les blessures
qu'elle reçoit dans le combat ne pénètrent pas à
travers la graisse qui charge son corps ; sa défaite n'a
pour elle d'autre suite que l'obligation de se retirer.

L'espadon et le porte-glaive sont également insa-
tiables et voraces : ils attaquent tous les êtres vivants

qu'ils rencontrent; leurs armes formidables leur donnent de grands avantages sur tous les autres poissons.

LA RAIE.

CE poisson est le plus grand et le meilleur de l'espèce ; sa chair est blanche, ferme et savoureuse. La raie atteint souvent une grosseur énorme. Le corps est large est aplati, d'une couleur brune sur le dos et blanche sous le ventre. La différence principale entre la raie et le thornback consiste en ce que la raie a les dents tranchantes et une seule rangée d'aiguillons à la queue, tandis que l'autre a les dents émoussées. La femelle produit ses jeunes depuis le mois de mai jusqu'en septembre. Chacun des jeunes est renfermé dans un sac oblong, angulaire, couleur marron, de la consistance du parchemin ou d'une peau, avec deux cornes à chaque extrémité. Les pêcheurs, qui les prennent souvent près des côtes, après la tempête, leur donnent le nom de poches.

LE SAUMON.

LE saumon est un poisson à nageoires abdominales douces. Ces poissons ont deux nageoires dorsales, dont la dernière est charnue et privée de rayons ; leur mâchoire et leur langue sont également pourvues de dents ; le corps est couvert d'écailles rondes et faiblement rayonnées, la couleur du dos et des côtés est d'un vert tantôt uni, tantôt tacheté de noir. Les couvertes des branchies offrent la même variété ; le ventre est d'un blanc argentin ; le museau est très aigu ; et, dans les mâles, la mâchoire inférieure se retire quelquefois en forme de crochet.

Le saumon se tient aussi bien dans les eaux douces que dans les eaux salées ; cependant il semble confiné dans la mer du Nord ; on ne le voit pas dans la Méditerranée, ni dans les eaux des climats chauds. En automne il accourt dans les rivières pour déposer le frai ; les cataractes ne l'arrêtent pas dans cette course ; sur le Liffey, il franchit une chute d'eau de plus de quatre-vingts pieds de hauteur.

Les saumons se plaisent surtout dans les rivières rapides, pierreuses, dont le lit n'est pas embarrassé de vase. Leur chair donne une excellente nourriture.

La Tamise, la Saverne, le Trent et le Tyne, sont les fleuves de l'Angleterre où l'on prend le plus de saumons ; les pêcheries d'Ecosse sont très productives.

Ce poisson meurt dès qu'il est hors de l'eau; pour qu'il ne perde pas sa saveur, il faut le tuer au moment de le prendre ; les pêcheurs les percent ordinairement d'un coup de couteau près de la queue : la perte du sang les fait mourir de suite.

L'ÉPERLAN.

Ce poisson, dont on connaît deux espèces, répand une odeur assez forte, que l'on compare tantôt au parfum de la violette, tantôt au goût du concombre. Le fait est que cette odeur est si peu agréable, que les Allemands ont donné à l'éperlan le nom de poisson fétide.

La première espèce, appelée HEPSETUS, a près de douze rayons vers la nageoire de l'anus; on la trouve dans la merd du Nord, et abondamment près de Southampton, et sur quelques autres côtes de l'Angleterre. Il est à demi-transparent, couvert d'écailles minces, argentines, qui se détachent aisément; sous la ligne latérale s'étend une suite de petits points noirs ; la mâchoire inférieure s'avance plus que la supérieure, qui est armée de quatre fortes dents; la queue est très fourchue.

Ce poisson n'a guère plus de six pouces de long ; sa chair est tendre, d'une saveur agréable.

L'autre espèce, appelée MENIDEA, a vingt-quatre rayons à la nageoire de l'anus. Ce poisson est presque transparent; il est nuancé çà et là d'un grand nombre de points noirs. Il n'a quelques dents qu'aux lèvres. On le trouve dans les eaux vives de la Caroline. La peau est si mince que, au moyen du microscope, on distingue fort bien la circulation du sang.

On les pêche à la ligne. On prend souvent pour les amorcer des poissons de leur propre espèce.

On prend ces poissons en fort grand nombre sur la Tamise et sur le Dee, dans les mois de novembre, décembre et janvier; ils fraient ordinairement en mars et avril.

Les éperlans diffèrent entre eux de grosseur.

LA CARPE.

La carpe a la tête grosse, les lèvres épaisses, le
front large, quatre barbillons attachés à la mâchoire
supérieure, la ligne latérale un peu courte, une longue nageoire au-dessus de l'anale, des ventrales et
d'une partie des pectorales. Le corps, qui forme un
ovale allongé, est épais, couvert d'écailles, grandes,
arrondies, et striées longitudinalement. Du bleu verdâtre paraît ordinairement sur le dos; une série de
petits points noirs le long de la ligne latérale, un
jaune mêlé de bleu et de noir sur les côtés, un jaune
plus clair sur les lèvres ainsi que sur la queue, une
nuance blanchâtre sur le ventre, une rouge sur l'a-
nale, et une teinte violette sur les ventrales et sur les
caudales; la queue est fourchue.

Les carpes peuplent toutes les eaux lentes de l'Europe et de la Perse; elles dépassent rarement quatre
pieds de long et vingt livres de pesanteur; cependant
on en cite plusieurs de plus pesantes. Jovius fait
mention d'une carpe du lac de Como, qui ne pesait
pas moins de deux cents livres.

Le prompt accroissement de la carpe fait de ce poisson une acquisition précieuse pour nos étangs; et si
l'on donnait des soins mieux entendus à son entretien

7..

et à sa nourriture, on pourrait en tirer de très grands avantages.

Les carpes fraient en juin, quelquefois au mois de mai. Dans les années précoces elles déposent leurs œufs dans des endroits couverts de verdure et de plantes. Elles se nourrissent principalement de vers et d'insectes aquatiques.

La carpe déploie dans ses habitudes un instinct si rusé, que le peuple de la campagne l'appelle le renard de rivière; elle saute souvent par-dessus le filet, ou bien se met la tête dans la vase, et le laisse passer par-dessus son corps. Cependant, si l'on a bien soin de la nourrir, on peut l'apprivoiser, au point de la faire sortir de l'eau au signal donné, de venir chercher du pain, et de se laisser toucher paisiblement.

Ces poissons deviennent très vieux, et leur vie est si tenace qu'on peut les conserver vifs plus de quinze jours dans de la paille fraîche ou de la mousse; il ne s'agit que de les bien envelopper, ne laisser en évidence que leur bouche, les tenir dans une cave ou dans quelque autre endroit frais, les plonger souvent dans l'eau, et les nourrir de pain blanc et de lait.

L'ANCHOIS.

L'ANCHOIS dépasse rarement six pouces de long ; le plus communément il n'en a pas deux ; le museau est pointu ; la mâchoire supérieure dépasse l'inférieure ; les yeux sont grands ; le corps est rond et mince, le dos est d'un vert foncé ; les côtés et le corps sont d'un bleu argenté ; une longue écaille pointue partage les nageoires ventrales ; la queue est fourchue.

Dans différentes saisons de l'année, les anchois visitent l'océan Atlantique et la mer Méditerranée. Ils traversent le détroit de Gibraltar pour se diriger vers le Levant, dans les mois de mai, juin et juillet. La plus grande pêche se fait à Gorgone, petite île à l'occident de Leghorn, où l'on prend ce poisson dans des filets pendant la nuit. On les attire par des lumières qu'on fixe à la poupe des vaisseaux.

Pour les conserver, on leur coupe la tête, et on les emmarine dans des barils, après avoir enlevé le fiel et les entrailles. On les mange aussi frais.

On a reconnu par l'expérience que les anchois pris au flambeau étaient d'une qualité inférieure à ceux qu'on prend d'une autre manière.

Depuis le mois de décembre jusqu'en mars, on en prend immensément sur les côtes de la Provence et

de la Catalogne ; pendant les mois de juin et de juillet, la pêche est abondante dans le canal de l'Angleterre , dans les environs de Bayonne, Venise, Rome
et Gênes.

C'est avec la saumure des anchois que les anciens
préparaient leur fameuse sauce de garum.

LE TURBOT.

Le turbot, comme tous les poissons plats, atteint
une grosseur considérable. On en a vu qui pesaient
entre vingt-cinq et trente livres.

Les turbots ont une forme presque carrée. Les
poissons plats nagent sur le côté; ce qui les a fait
classer tous par Linnée sous le nom générique de
pleuronectes. Les autres individus de ce genre ont les
deux yeux à la droite de la tête; le turbot les a à la
gauche. Ce qu'il y a de remarquable dans ce poisson,
c'est que , tandis que les parties inférieures sont d'un
blanc brillant , les parties supérieures sont colorées
de taches ; de telle sorte que lorsque le poisson est à
demi plongé dans la vase ou la boue, il échappe entièrement à la vue. Le turbot connaît si bien cette
singularité, qu'au moindre danger qui le menace il
s'enfonce dans la vase et demeure immobile. Le
pêcheur expérimenté, ne pouvant plus le découvrir

des yeux, a recours à une sorte de faucille, et le dé-
terre ainsi. Le turbot ne se sert pas seulement de ce
moyen pour se garantir ; c'est aussi une ruse qu'il
met en œuvre pour attirer ses imprudentes victimes
et les saisir avec plus d'assurance.

Les meilleurs turbots se pêchent sur les côtes de la
Hollande et de l'Angleterre. A Yorkshire on va à la
recherche des turbots dans des canots qui portent
trois hommes; chacun d'eux est pourvu de trois lignes
d'une longueur extrême, armées de deux cent quatre-
vingts crochets séparés l'un de l'autre d'environ six
pieds. Des plombs maintiennent les lignes dans le
fond de la mer, et l'on se règle sur la marée pour
jeter ou relever les cordes ; les chaloupes ont près de
vingt pieds de long et cinq de large. Elles sont assez
fortes pour résister aux fureurs de la mer, et sont
pourvues au besoin de trois rangs de rames et d'une
voile.

On se sert ordinairement, pour amorcer les turbots,
de harengs frais coupés en long, de petites lam-
proies, de morceaux de morue, de vers de terre, de
moules. A défaut de ces appâts, les pêcheurs ont recours au foie de bœuf.

Les turbots sont si difficiles dans le choix de l'ap-
pât qu'on leur présente, qu'ils ne touchent guère
qu'à des poissons vivants et très frais. Ils ne sont pas
non plus attirés par des amorces auxquelles d'autres
poissons ont mordu.

L'HUITRE.

L'HUITRE est un de ces animaux qui paraissent,
au premier coup d'œil, avoir été traités avec un peu
de rigueur par la nature, mais qui, sous un autre
aspect, attestent le plus hautement la sagesse et la
providence divines. Renfermée dans une étroite prison, privée de mouvement et d'industrie, elle n'en
trouve pas moins sa subsistance. En entr'ouvrant ses
écailles, elle reçoit à chaque instant de la mer les
petits insectes, les débris de plantes, et les sucs li-
moneux dont elle se nourrit.

Les flots se chargent de ses œufs, et vont les poser dans le fond de la mer ou sur les rochers, quelquefois mêmes aux branches des arbres que la marée
baigne ; en sorte qu'elles se trouvent tour à tour
plongées dans l'eau et suspendues dans l'air. On se
plaît à servir sur la table ces branches, couvertes
à la fois d'huîtres et de fleurs.

La chair des huîtres est naturellement blanche.
Pour les rendre vertes, on va les pêcher sur les rochers ou au fond des eaux, et on les enferme le long
des bords de la mer, dans de petites fosses. Au
bout de six semaines, la mousse qui se forme dans
ces fosses, et qui rend l'eau verdâtre, comme vous

la voyez dans nos mares , imprègne les huîtres de
cette couleur.

Les écailles , au bout de vingt-quatre heures ,
commencent à se former sur les huîtres naissantes.
Je vous en ai fait observer de presque impercepti-
bles , attachées à la coquille de leurs mères.

Quelques oiseaux de mer aiment les huîtres autant
que nous. Ils attendent qu'elles ouvrent leurs écailles
pour fondre précipitamment sur elles et les percer à
coups de bec , avant qu'elles aient pu se claquemu-
rer. Quelquefois aussi l'huître leur prend à eux-mêmes le bec en se refermant.

Le crabe, son ennemi mortel , est plus adroit que
l'oiseau. Lorsqu'il voit l'huître s'entr'ouvrir , il jette
entre ses coquilles un petit caillou qui les empêche
de se rejoindre ; et alors il dévore sa proie sans danger.

Il est une espèce d'huître appelée perlière , qui
produit les perles que vous voyez aux colliers des
femmes , et la nacre dont on fait des jetons , des na-
vettes et des manches de couteaux. Les perles se trouvent soit dans le corps de l'animal, soit attachées à
l'intérieur de ses écailles; ces mêmes écailles forment la
nacre. Des hommes accoutumés dès l'enfance à plonger
vont les chercher au fond de l'eau, quelquefois à cent
pieds de profondeur. Ils en remplissent des sacs , et
viennent les décharger sur le rivage. On attend que
l'huître s'ouvre d'elle-même, ce qui arrive au bout
de deux ou trois jours ; et alors on lui arrache ses

trésors , auxquels notre folie met un assez grand prix
pour exposer de malheureux plongeurs à être dévo-
rés par des poissons voraces , à se briser contre les
rochers , ou à être étouffés par les eaux.

On est parvenu à imiter les perles naturelles par
des perles fausses , au point d'en rendre la différence
très peu sensible. Il est un petit poisson appelé
ablette dont les écailles sont très brillantes. On rassemble ces écailles dans l'eau , et on les frotte pour
en détacher une matière visqueuse dont elles sont
couvertes. Cette matière se précipite en liqueur ar-
gentée au fond du vase. On la recueille avec soin , et
on y mêle un peu de colle de poisson , qui lui donne
plus de consistance ; ensuite on a des grains de verre
fin , creux et très minces , où l'on fait entrer une
goutte de cette liqueur ; on roule les grains avec
adresse , pour que la matière s'y répande partout
également , et y forme une couche bien unie : lorsqu'elle est sèche , on fait couler de la cire fondue
dans le verre , pour donner à la perle de la solidité ,
du poids et de la blancheur.

Les perles fausses ont l'avantage d'être plus égales
entre elles que les perles véritables, et d'avoir la grosseur qu'on veut leur donner. Si elles n'ont pas tout-
à-fait le même éclat, du moins elles sont infiniment
moins coûteuses ; elles réussissent aussi bien dans la
parure, et n'inspirent jamais à celle qui les porte la
crainte de les avoir achetées au prix de la vie d'un
de ses semblables. N'est-il pas déjà assez cruel de

compromettre l'existence de ses frères pour se procurer les douceurs de la vie, sans la risquer encore
pour les plus méprisables jouissances de la vanité?
Quelle petitesse d'esprit de s'estimer davantage pour
de beaux habits et des bijoux! Ces insensés devraient
considérer un moment que l'or, l'argent et les pier-
reries dont ils sont chargés étaient ensevelis dans
les entrailles de la terre, et qu'ils n'ont pas même le
mérite de les avoir travaillés; que leurs soieries ne sont
que les dépouilles d'un petit ver rampant qui les a
portées avant eux; que, sans l'industrie de ces honnêtes
ouvriers qu'ils méprisent, ils n'auraient su en tirer
aucun parti. Eh! que deviendraient les riches sans les
pauvres? Seraient-ils en état de faire leurs chaussures,
de bâtir leurs maisons, de labourer leurs terres, de
tondre leurs troupeaux, et de faire une infinité d'autres
choses devenues nécessaires dans l'état où se trouve
aujourd'hui la société? Qu'ils se parent, s'ils veulent,
avec un peu plus d'éclat, pour encourager l'industrie
et soutenir les manufactures ; mais qu'ils apprennent
en même temps à se conduire avec douceur et bien-
veillance envers ceux dont les mains sont employées
à leur service! Qu'ils se souviennent que le moindre
artisan, s'il remplit les devoirs de sa condition, est
un membre de l'Etat plus utile qu'eux-mêmes, à
moins qu'ils ne se distinguent autant par leur modestie et leur générosité que par leur rang et par leurs
richesses!

De leur côté, les pauvres ne doivent jamais oublier

les égards dont ils sont tenus envers leurs supérieurs,
mais les traiter avec respect et fidélité, et surtout ne
point leur porter une jalouse envie. S'ils sont écono-
mes, sobres et laborieux, ils peuvent, dans quelque
métier qu'ils exercent, être aussi heureux que les
riches, par la jouissance d'une santé robuste, le repos de l'esprit et le calme de la conscience, sans être
exposés aux inquiétudes et aux agitations qui tour-
mentent presque toujours dans une situation plus
élevée.

Ces réflexions nous ont un peu écartés de l'objet de
notre entretien; mais je vous les ai présentées comme
elles devraient se présenter souvent à notre esprit, afin
de nous former une philosophie aussi douce pour nous-
mêmes que favorable pour nos frères. Tout le bonheur
sur la terre consiste en deux choses bien simples, et qui
devraient être bien aisées : *Aimer et se faire aimer.*

LA MOULE.

Il est aussi des moules dans lesquelles on trouve de
la nacre et des perles. D'autres ont des coquilles de
la plus grande beauté, qui réunissent toutes les couleurs de l'arc-en-ciel. Quelques-unes sont si grosses
qu'elles pèsent jusqu'à une demi-livre sans leurs coquilles.

La moule, comme l'huître, demeure immobile sur
le rocher où elle a pris naissance. Pour empêcher que
les vents ou les flots n'emportent sa maison, elle
allonge hors de sa coquille une espèce de bras dont
elle est armée, et tend autour d'elle une multitude de
petits filets qui, l'assujétissant de tous les côtés, sont
comme autant de câbles qui la retiennent à l'ancre.

L'ennemi particulier de la moule est un petit co-
quillage qui s'attache sur sa coquille supérieure, la
perce d'un petit trou fort rond, et passant une trompe
aiguë par cette ouverture, suce la chair jusqu'au dernier morceau.

LE NAUTILE.

Après vous avoir parlé de navigation et de coquillages, la peinture d'un poisson qui navigue dans sa
coquille doit sûrement vous intéresser. Ce poisson
est le nautile. On prétend que c'est de lui que les
hommes ont appris à naviguer. Au moins la forme de
sa coquille approche de celle d'un vaisseau ; et l'animal semble se conduire sur les ondes comme un pilote
conduirait son navire.

Quand le nautile veut s'élever du fond de la mer.
il retourne sa coquille sens dessus dessous ; et à la

faveur de certaines parties de son corps qu'il gonfle ou qu'il resserre à sa volonté, il traverse toute la masse des eaux. En approchant de leur surface, il retourne adroitement son petit navire, dont il vide l'eau, à l'exception de ce qu'il lui en faut pour le lester, et pour marcher avec autant de sûreté que de vitesse. Alors il élève deux espèces de bras, et étend, comme une voile, la membrane mince et légère qui les unit. Il allonge et plonge dans la mer deux autres membres qui lui tiennent lieu d'avirons. Un autre lui sert de gouvernail; et il se met à voguer habilement, soumettant les vents et les flots à son adresse. A l'approche d'un ennemi, ou dans les tempêtes, il baisse sa voile, retire son gouvernail et ses rames, et, penchant sa coquille, il la remplit d'eau pour se précipiter plus aisément sous les ondes.

Le nautile est un navigateur perpétuel, qui est à la fois le pilote et le navire. On voit quelquefois, dans les temps calmes, de petites flottes de cette espèce sur la surface de la mer.

LA TORTUE.

JE vais maintenant vous parler de la tortue, dont le nom vous est assez connu par les fables de notre bon ami La Fontaine, où elle remplit souvent un personnage.

On en compte de trois espèces : de mer, d'eau douce et de terre.

Les tortues de mer sont les plus grandes. Il en est de si énormes qu'on a vu quatorze hommes à la fois monter sur une écaille. Cette écaille peut former toute seule une barque et une maison. Lorsqu'on s'en est servi pendant le jour, pour naviguer le long des côtes de la mer, on la porte le soir sur le rivage ; et la voilà qui, soutenue par les rames qui l'on fait voguer, devient une petite cabane où l'on trouve un abri contre la pluie et les injures de l'air.

Les tortues de mer prennent leur nourriture dans des espèces de prairies qui sont au fond des eaux, le long de plusieurs îles de l'Amérique. Des voyageurs rapportent que, dans un temps de calme, on découvre sous les ondes ce beau tapis vert, et les tortues qui s'y promènent. Quand elles ont fini leur repas, elles s'élèvent sur la surface des flots, toujours prêtes à s'enfoncer bien vite à l'approche de l'oiseau de proie ou des pêcheurs qui les guettent. Quelquefois cependant la grande chaleur du jour les surprend et les assoupit. On profite alors de leur sommeil pour les harponner de la même manière que les baleines, ou pour les prendre vivantes, ainsi que je vais vous le raconter.

Un plongeur vigoureux se place sur le devant d'une chaloupe. Parvenu à une petite distance de la tortue flottante, il plonge doucement de peur de la réveiller, et va remonter fort près d'elle. Alors, sai-

sissant tout-à-coup l'écaille vers la queue, il s'appuie
sur le derrière de l'animal, et fait enfoncer cette partie dans l'eau. La pauvre tortue n'a pas l'esprit de
réfléchir qu'en plongeant elle se débarrasserait de son
ennemi. Vous avez lu l'histoire de l'âne de la fable,
qui, après avoir fait tant de façons pour entrer dans
le bateau quand on le tirait par son licou, s'y précipita brusquement lorsqu'on s'avisa de le tirer en
arrière par la queue? Eh bien, la tortue n'y met pas
plus de finesse. Dès qu'elle se sent tirer vers le fond
de l'eau, elle s'efforce de se soutenir au-dessus, en
agitant ses pattes de derrière. Ce mouvement en effet
l'y soutient elle.et le plongeur; mais pendant ce débat
les autres pêcheurs arrivent, la renversent adroitement sur le dos; et comme, dans cette situation, elle
ne peut plus s'enfoncer, ils la poussent de leurs mains
jusqu'à la chaloupe. On prétend qu'elle jette alors
de profonds soupirs et verse des larmes abondantes.

On prend aussi les tortues de mer sur la terre. La
chasse la plus considérable se fait dans l'île de l'As-
cension. Elle est encore inhabitée, parce qu'on n'y a
pu découvrir aucune source d'eau douce; mais la
quantité de tortues qu'on y trouve engage la plupart
des vaisseaux à s'y arrêter, à dessein d'en faire leur
provision pour les matelots attaqués du scorbut, qui
est une maladie que l'on prend ordinairement sur la
mer. Cette île, pour vous le dire en passant, est une
espèce de bureau de poste, parce que les marins, en
s'éloignant du rivage, y laissent un billet dans une

bouteille bien fermée, pour donnée de leurs nouvelles
à ceux qui viennent après eux, et en apprendre à
leur retour.

La pente unie et facile du sable dont elle est bor-
dée est très favorable pour les tortues, qui viennent .
dit-on, de plus de cent lieues pour y faire leur ponte.
Vous voyez encore par là combien la tortue de mer
est différente à cet égard de la tortue de terre, dont
la lenteur a passé en proverbe. Celle-ci emploierait
toute sa vie à faire ce voyage ; les autres, grâce à
leur talent de nager, le font en peu de temps. Elles
descendent sur la plage, et remontent un peu au
dessus de l'endroit où les flots peuvent atteindre.
Alors avec leurs pattes elles creusent un trou peu
profond où elles déposent leurs œufs; puis elles les re-
couvrent légèrement de sable, afin que la chaleur du
soleil les échauffe et fasse éclore les petits.

Ces œufs sont d'une forme ronde, et de la grosseur
d'une bille de billard; ils ont du blanc et du jaune
comms les œufs de poule ; mais ils ne sont pas si bons
à manger. L'enveloppe en est mollasse, et ils paraissent au toucher comme un œuf de poule durci qu'on
a dépouillé de sa coque.

Vingt-cinq jours environ après la ponte, on voit
de tous côtés percer de dessous le sable de petites tortues déjà formées, et couvertes de leurs écailles, qui,
sans être guidées par leurs mères, seules, et par le
pur mouvement de leur instinct, s'acheminent tout
doucement vers le bord de la mer. Malheureusement

pour elles la force des vagues les repousse, et les oiseaux de proie les enlèvent la plupart avant qu'elles aient acquis assez de vigueur pour manœuvrer contre les flots et gagner le fond de la mer, comme un refuge pour leur faiblesse. Aussi, de deux cent soixante œufs ou environ que pond chaque tortue, à peine en voit-on réchapper une douzaine.

Comme les tortues attendent ordinairement les ténèbres, afin de dérober à la vue des oiseaux le dépôt où elles cachent l'espérance de leur famille, les marins attendent aussi ce moment pour faire leur coup. Dès la fin du jour ils abordent sur la côte, et s'y tiennent sans bruit en embuscade, guettant leur proie d'un œil attentif. Aussitôt que les tortues ont quitté la mer, et en sont assez éloignées pour qu'ils puissent leur couper le retour, ils marchent à elles et les renversent sur le dos les unes après les autres. Cette opération doit se faire avec autant de prudence que d'agilité, de peur que la tortue, en se débattant avec ses pattes, ne leur fasse voler du sable dans les yeux. Dans cette posture incommode, qui la prive de tout moyen de défense, elle ne songe qu'à faire rentrer ses pattes et sa tête sous son écaille, laissant de cette manière la plus grande facilité pour la transporter à bord du vaisseau. Quelquefois on la mange sur le rivage même. Après l'avoir tuée avec précaution, crainte d'endommager ses œufs, on l'assaisonne avec du poivre, du sel, du girofle et du citron, et son écaille sert de casserole pour la faire cuire.

La chair de tortue salée est d'une aussi grande res-
source dans l'Amérique que la morue en Europe. On
en tire aussi de l'huile. Une grosse tortue en fournit
plus de trente bouteilles. La chair des plus petites
pèse cent cinquante livres; les tortues ordinaires
en donnent deux cents. On en prit une, il y a plusieurs années, sur les côtes de France, d'environ
six pieds de long, qui pesait entre huit et neuf cents
livres. Deux ans après on en prit une autre, longue
de cinq pieds, et du poids de près de huit cents livres.
Le foie seul se trouva suffisant pour fournir abondamment à dîner à plus de cent personnes. Sa graisse,
que l'on fit fondre, prit la consistance du beurre,
et fut trouvée d'un fort bon goût.

La croissance des tortues de mer est très rapide.
Un de ces animaux, qu'on avais mis très jeune dans
un petit baquet, s'y trouva à l'étroit au bout de quelques jours. On la mit dans une moitié de barrique
ordinaire, et l'on se vit bientôt obligé de lui donner
un grand muid pour logement. Le vaisseau qui la
portait ayant fait naufrage sur les côtes de France,
la tortue se sauva dans la mer. Comme il n'en vient
point ordinairement dans ces climats, on a soupçonné que celle-ci est l'une des deux dont il était
question tout à l'heure, qui fut prise quatorze ans
après, pesant près de huit cents livres. Elle n'en pesait que vingt-cinq lorsqu'on l'embarqua.

La force de ces animaux est extrême. On en voit
qui portent cinq à six hommes assis sur leur dos.

Beautés de la Nature.   8

Leur vie est aussi très dure et très longue ; elle s'étend quelquefois au-delà de quatre-vingts ans.

Les tortues d'eau douce ressemblent beaucoup à celles de la mer. Aux approches de l'hiver, elles viennent à terre, s'y creusent des trous, et y passent toute la saison sans manger, dans un état d'engourdissement. On les voit même dans l'été passer plusieurs jours sans prendre de nourriture. Elles détruisent beaucoup de poissons dans les étangs.

La tortue de terre se trouve sur les montagnes, dans les forêts, dans les champs et dans les jardins. Elle vit d'herbes, de fruits, de vers, de limaçons et d'autres insectes. Celles que l'on garde dans les maisons pour en faire des remèdes peuvent se nourrir avec du son et de la farine.

L'écaille de toutes les espèces de tortues sert à faire des tabatières, des manches de couteaux, de rasoirs, de lancettes, et une infinité de jolis bijoux.

LES COQUILLAGES.

OUTRE les poissons dont je viens de vous entretenir, je pourrais vous en nommer plusieurs encore dont la seule peinture ne vous intéresserait pas moins vivement. Les uns sont armés d'une épée ou d'une scie,

les autres hérissés de pointes ou d'épines, etc.
L'objet pour lequel la nature leur a donné ces armes,
l'usage qu'ils en savent faire, les besoins qu'ils
éprouvent pour leur subsistance, les moyens qu'ils
emploient pour y pourvoir, les différents degrés de
leur instinct et de leur industrie, tout en eux et dans
tous les autres est bien digne de votre curiosité. Ne
sentez-vous point déjà le plaisir que vous goûterez
un jour en cherchant à pénétrer les merveilles étalées
de tous côtés à vos regards? Que diriez-vous de celui qui, venant d'hériter d'un superbe palais, irait se
renfermer stupidement dans l'alcove la plus enfoncée,
sans chercher à connaître les ameublements précieux
dont il est environné? Tel, et plus stupide mille fois,
serait l'homme, héritier de Dieu sur la terre, qui
végéterait entouré de prodiges vivants qui sollicitent
sans cesse sa curiosité, sans qu'un noble désir le portât
jamais à la satisfaire. Les devoirs que son état, quel
qu'il soit, l'obligent de rendre à la société, ne sont
point un obstacle à son instruction. Combien d'heures
perdues dans des amusement frivoles qu'il pourrait
consacrer à acquérir des connaissances utiles, sources inépuisables des plaisirs les plus flatteurs!
L'homme instruit n'éprouve jamais dans sa vie un seul
moment de solitude ou d'ennui. Dans la profondeur
des déserts, il trouve une société nombreuse qu'il
interroge, et dont il sait entendre la voix. Un brin
d'herbe, un insecte, suffisent pour réveiller en lui
une foule d'idées, et pour lui faire parcourir dans un

instant le cercle immense de la création. La juste
valeur dont il s'accoutume à priser les choses humaines, l'étendue et la dignité que ses réflexions donnent
à son esprit, le tiennent aussi loin de l'orgueil que
de la bassesse; et ses lumières peuvent élever sa
fortune, sans en dégrader l'ouvrage par de vils
moyens.

Vous n'êtes pas encore en état, mon cher Henri,
de sentir toute la vérité de ce que je viens de vous
dire; mais il me semblait voir vos parents auprès de
vous, et c'est à eux que je m'adressais pour leur ins-
pirer le désir de travailler à votre bonheur, en vous
faisant acquérir les connaissances qui le procurent.
Je crois aussi lire dans vos yeux que tout ce que vous
avez pu saisir de ce tableau vient d'allumer votre
imagination, et que vous brûlez d'impatience de
vous instruire. Mettons à profit des dispositions si
favorables, et reprenons le ton familier de nos entretiens.

Vous avez vu des bouquets formés de coquilles,
dont les nuances représentaient celles des plus belles
fleurs; vous avez admiré les jolis compartiments
qu'on en faisait sur nos surtouts de dessert, l'effet
agréable qu'elles produisent sur le bord des bassins
dans la décoration des grottes et des cascades : mais
ce ne sont encore là que des coquillages uniformes
et communs, tels que la mer les jette en profusion
sur ses rivages. C'est dans les cabinets des curieux
que vous pourrez en observer d'un choix rare, et

d'une variété presque infinie. C'est là que vous passe-
rez des journées entières à vous extasier sur l'élégance ou la singularité de leurs formes, l'éclat et la
diversité de leurs couleurs.

Chacune de ces coquilles renfermait autrefois un
poisson qui vivait au fond de la mer, retiré dans son
palais immobile, ou qui l'emportait avec lui en na-
geant, par une manœuvre admirable, telle que je
vous l'ai peinte tout à l'heure dans l'histoire du nautile.

Une autre histoire non moins intéressante pour
vous est celle d'une espèce d'écrevisse qu'on nomme
Bernard l'Ermite, ou le Soldat.

Bernard l'Ermite est couvert d'écailles dans tout
son corps, excepté sur l'extrémité du dos. Pour
mettre cette partie à l'abri de ce qui pourrait la blesser, il va, dès sa naissance, chercher une coquille
vide dans laquelle il s'établit, jusqu'à ce qu'en gran-
dissant il ait besoin d'un logement plus vaste.

Lorsque ce moment est venu, sans quitter sa première coquille, il va sur le rivage en chercher une
autre. Dès qu'il l'a trouvée, il sort de l'ancienne
pour essayer la nouvelle. S'il ne la juge pas bien pro-
portionnée à sa taille, il va plus loin, mesurant celles qu'il rencontre, jusqu'à ce qu'il en ait une qui
lui convienne. Aussitôt il s'y glisse avec une extrême
précipitation, et, dans sa joie, il fait deux ou trois
caracoles sur le sable. Il a toujours soin de choisir
un ermitage assez spacieux pour pouvoir se tapir

dans le fond, de manière à le faire croire inhabité ;
ce qu'il pratique au moindre bruit qui se fait entendre. Si par hasard un de ses camarades se trouve
dépouillé en même temps que lui, pour entrer dans
la même coquille il se livre aussitôt entre eux un
combat, et le plus faible abandonne la coquille au
vainqueur.

C'est apparemment pour ces combats que Bernard
l'Ermite a obtenu le surnom de Soldat, ou peut-être
aussi parce qu'il a l'air d'une sentinelle dans sa guérite.

L'histoire des coquillages forme une branche très
curieuse de la connaissance de la nature. On aime à
voir comment, pour nous donner dans tous ses ouvrages une idée de sa grandeur et de sa richesse, elle
a revêtu un vil poisson de sa livrée la plus brillante.

Des plongeurs vont chercher les coquilles au fond
des eaux. La mer, dans les tempêtes qui la boulever-
sent dans toute sa profondeur, en jette aussi quelquefois sur ses bords.

PLANTES MARINES.

Les plantes marines ne sont pas, à beaucoup près,
aussi variées que celles de la terre. Je me contente-

rai de vous dire quelques mots des algues et des fucus.

Les feuilles de l'algue commune sont d'environ
deux ou trois pieds de longueur, molles, d'un vert
sombre, et semblables à des courroies. On en trouve
une espèce dans les mers du Nord dont les feuilles
sont jaunâtres. Lorsque cette plante est exposée au
soleil, il transpire de ses feuilles de petits grumeaux
d'un sel doux et de bon goût, dont on fait usage en
guise de sucre.

Les fucus sont la plupart ramifiés en arbrisseaux. Il
s'élève sur leurs feuilles de petites vessies remplies
d'air comme des ballons, qui tiennent la plante debout dans l'eau, ou l'y font flotter. Il en est quelques
espèces d'une jolie couleur de rose, de vert et de citron; on les fait bien tremper dans de l'eau douce en
sortant de la mer, puis on les fait sécher entre deux
papiers ou sur un carton que l'on couvre d'un verre :
ce qui produit des tableaux fort agréables.

LE CORAIL.

Vous avez pris souvent, mes amis, pour des arbrisseaux ou des plantes ces productions marines que
vous aviez tant de plaisir à considérer dans le cabinet

de votre papa. Des personnes qui , soit dit sans vous
offenser, étaient incomparablement plus habiles que
vous, ont toujours vécu dans la même erreur, qui
s'est perpétuée pendant plusieurs siècles : ce qui vous
prouve avec quelle attention il faut étudier la nature
pour découvrir ses secrets.

Je vais d'abord vous parler du corail, qui a dû
vous frapper le plus vivement, et qui vous servira
à mieux comprendre ce qui concerne les autres.

Le corail, dont la teinte est ordinairement rouge ,
et quelquefois blanche, ou mélangée de ces deux
couleurs, a la figure d'un arbrisseau. Sa plus grande
hauteur est d'un pied ou un peu plus. Sa tige, à peu
près de la grosseur de mon pouce, est couverte d'une
espèce d'écorce, et porte des branches dépouillées de
feuilles, mais qui semblent présenter des graines et
des fleurs. Voilà des apparences bien séduisantes
pour le croire un petit arbre, n'est-ce pas? cependant ce n'est que l'ouvrage de petits vers appelés polypes. Je vais vous dire comment ces ingénieux ar-
chitectes en forment l'édifice pour leur habitation.

Aussitôt que les œufs de polypes, assemblés en pe-
loton sous quelque rocher, sont éclos, ces animaux
commencent à se bâtir en rond, et l'une contre l'autre, de petites cellules, à la manière des limaçons et
des coquillages, d'une substance qui s'échappe de
leurs corps. A mesure que cette substance devient
plus abondante et s'épaissit au point de remplir le
fond des tuyaux qu'ils habitent, ils sont forcés de

monter un peu plus haut, et d'en former d'autres
au-dessus, dans la même direction. Ceux-ci se remplissent de la même manière; par où le corail acquiert
sa dureté : et comme, dans l'intervalle, la famille se
multiplie, les nouveau-nés forment d'un côté et d'autre des colonies, d'où proviennent les branches, qui
se ramifient à leur tour.

Les fleurs qu'on avait cru remarquer sur les branches ne sont que les bras de ces polypes, qu'ils étendent en forme de griffes pour saisir les débris d'insectes dont ils se nourrissent; et les graines préten-
dues ne sont que leurs œufs.

C'est de la même manière, mais avec quelque variété, suivant les différentes espèces de polypes, que
se forment les coralines, les lithophytes, les épon-
ges, les madrépores, et d'autres polypiers qui se
trouvent en certains endroits dans une si grande
bondance que le fond de la mer ressemble à une
épaisse forêt.

Vous vous félicitez sans doute, mes amis, de tout
ce qu'il vous reste d'intéressant à apprendre dans l'é-
tude de la nature. Je ne vous en ai présenté qu'un
petit tableau, seulement pour vous montrer la perspective de ce qu'elle doit offrir un jour à vos regards,
si vous savez les accoutumer de bonne heure à l'observation qu'elle exige pour pénétrer ses mystères.
Je ne connais rien de plus satisfaisant et de plus ré-
créatif. Quand nous serons de retour à Paris, je vous
mènerai de temps en temps au cabinet d'histoire na-

8..

turelle , pour vous y faire regarder peu à peu tous
les objets curieux qu'il renferme. Nous y emploie-
rons nos heures de récréation , afin de ne pas dé-
ranger l'ordre de vos études. Je me flatte que vous
me remercierez de vous avoir fait connaître ces nouveaux plaisirs , et qu'ils vous paraîtront bien préfé-
rables aux amusements ordinaires de votre âge.

Nous avons jusqu'ici promené nos regards sur la
terre , pour nous former une première idée de ses
productions ; nous venons de les plonger avec le
même dessein jusque dans les profondeurs de la
mer : dans notre premier entretien, nous les élèverons
vers les cieux , pour étudier les mouvements des astres qui roulent dans leur immense étendue.

LE SOLEIL.

REPOSONS-NOUS ici, mes amis. [Nous voici parvenus sur le sommet le plus élevé de la colline. Venez vous asseoir près de moi, et jouissons ensemble de la fraîcheur de cette belle soirée. Quelle charmante perspective s'offre à nos regards ! Comme ce vaste paysage réunit l'agrément et la richesse dans le mélange de ces vertes prairies où l'œil s'égare avec tant de plaisir, de ces petits ruisseaux qui semblent se jouer en les baignant de leurs eaux fécondes, de ces champs couverts de moissons dorées, et de cette forêt dont les robustes enfants vont se transformer en vaisseaux, pour aller nous chercher mille trésors précieux aux bornes de la terre !

Au-dessus de cette scène admirable, contemplez le soleil, qui, du seul éclat de sa couronne, remplit l'immensité de son empire. Toute cette magnificence est son ouvrage.

Après avoir rendu , par la chaleur de ses rayons, la vie à la nature , il en fait briller les traits rajeunis de la splendeur de sa lumière , et jette sur les plis de sa robe verdoyante les plus vives couleurs.

Occupons-nous un moment de ce qu'il est , et des bienfaits qu'il répand sur la terre, avant de chercher la place qu'il occupe , et de parcourir les espaces immenses où s'étend sa domination.

Le soleil est un globe de feu qui, tournant sur lui-même d'une rapidité prodigieuse , darde sans cesse , et de tous côtés , en lignes droites , des rayons formés de sa substance, et destinés à porter avec une vitesse inconcevable , jusqu'au bout de l'univers , la lumière qui l'éclaire , la chaleur qui l'anime et les couleurs qui l'embellissent.

C'est un globe , puisque dans toutes ses parties il e montre à nos yeux sous une forme circulaire, et qu avec un bon télescope on découvre sa convexité. Il est de feu , puisque ses rayons rassemblés par des miroirs concaves ou des verres convexes brûlent , consument et fondent les corps les plus solides, ou même les convertissent en cendre ou en verre.

Il tourne sur lui-même , puisque l'on observe sur son disque des taches qui , se montrant sur un de ses bords , semblent passer à travers toute sa largeur sur le bord opposé, se dérobent pendant quelques jours, et reparaissent ensuite au premier point d'où elles

sont parties. Ces taches peuvent aisément se découvrir avec une bonne lunette ; leur nombre va quelquefois jusqu'à cinquante; et il en est que l'on a vues
dix-sept cents fois plus grandes que la terre entière.
Soit qu'on les considère comme des écumes formées
par l'action d'un feu violent , soit plutôt comme
des éminences solides du corps du soleil que les flots
de matière enflammée qui le baignent laissent quelquefois à découvert dans leur agitation , ces taches ,
unies à sa masse , ne laissent pas douter , par leur
cours régulier , qu'il ne tourne avec elles sur lui-
même ; et cette rotation qui se fait en vingt-cinq
jours et demi, quoique plus lente que celle de la
terre , qui n'y emploie qu'un jour, doit être d'une
rapidité prodigieuse pour un globe quatorze cent
mille fois plus gros que le nôtre.

Le soleil darde ses rayons sans cesse de tous côtés.
et même de tous les points de sa surface ; car il n'est
pas un seul instant où sa lumière ne se répande sur
toutes les parties de l'univers tournées vers lui , et
pas un seul point qu'il éclaire d'où on ne le voie tout
entier.

Ses rayons sont dirigés en lignes droites , et non
par des ondulations semblables à celles que le mouvement excite dans l'air et dans l'eau ; car autrement
on le verrait lorsqu'il serait caché derrière une montagne, et même lorsqu'il serait de l'autre côté de la
terre , c'est-à-dire pendant la nuit, puisque sa lumière étant répandue par ondes, comme le son, l'im-

pression en viendrait toujours à nos yeux. Lalune,
par la même raison, ne pourrait jamais l'éclipser.
J'en ai une autre preuve plus à votre portée. Lorsque j'ai fait votre portrait à la silhouette, c'est que
votre tête jetait sur la muraille une ombre exactement de la même forme qu'elle-même; ce qui prouve
clairement que les rayons croisaient en lignes droites
toutes les extrémités de votre profil. On peut enfin
s'en convaincre d'une autre manière, en fermant les
volets d'une chambre, et en y pratiquant un petit
trou : les rayons qui passent par cette ouverture ne
se répandent point en ondes dans la chambre, mais
la traversent en lignes droites, sans éclairer autre
chose que les objets qu'ils rencontrent dans cette direction.

Les rayons du soleil sont formés de sa propre substance. Ce sont des flots de sa matière enflammée
qu'il lance de tous côtés. A la distance où il est de
nous, comment ses rayons pourraient-ils nous
échauffer, s'ils ne partaient d'une source brûlante,
en conservant dans le trajet leur chaleur par la vitesse de leur mouvement? Vous branlez la tête, Henri?
vous pensez sans doute que le soleil devrait être dès
longtemps épuisé ? Votre arrosoir, dites-vous, n'est
pas une minute à se vider de l'eau qu'il contient. Je
veux renchérir encore sur votre objection. L'arrosoir ne verse de l'eau que d'un côté, et le soleil répand de toutes parts sa lumière. Il la fait jaillir jusqu'à des lieux un million de fois peut-être plus éloi-

gnés de lui que nous ne le sommes, puisque certaines
étoiles, qui sont à cette distance, envoient leur lumière jusqu'à nos yeux. Il ne paraît pas cependant
que ni le soleil, ni les étoiles aient souffert, depuis
tant de siècles, quelque diminution de leur éclat.
Vous voyez que je n'ai pas affaibli votre difficulté.
Ecoutez maintenant ma réponse.

Il est d'abord nécessaire de vous donner une idée
de la petitesse prodigieuse des parties dont les rayons
de lumière sont composés. Au moyen du microscope,
je vous ai fait voir dans une goutte d'eau de mare,
pas plus grosse qu'une lentille, des milliers de petits
insectes vivants. Ces insectes ont des yeux, des
membres, du sang, ou une autre liqueur qui circule dans leur corps pour les animer. Il vous est aisé,
ou plutôt il vous est impossible de vous figurer combien chaque goutte de ce sang ou de cette liqueur
doit être menue. On prouve, par le calcul, qu'elle
est moins par rapport à un grain de sable d'une ligne, que ce grain de sable n'est au globe de la terre.
Eh bien, cette petitesse n'est rien encore en comparaison de celle des parties de la lumière, ainsi que
vous allez en convenir. Je vous ai dit tout à l'heure
que nous ne voyons le soleil entier que parce que de
tous les points de sa surface il part des rayons qui
viennent peindre son image au fond de nos yeux. Il
n'est pas douteux que ces insectes ne voient le soleil
pendant le jour; peut-être voient-ils pendant la nuit
les étoiles. Or, ils ne peuvent les voir, que de tous

les points, de toute la surface des étoiles et du soleil,
il ne soit parti des rayons pour en porter jusqu'au
fond de leurs yeux l'image entière. Le soleil est plus
de quatorze cent mille fois plus grand que la terre;
chacune des étoiles est aussi grande que le soleil.
Voilà donc des corps d'une masse si incompréhen-
sible qui , de tous les points de leur étendue, envoient des flots de lumière dans l'œil d'un petit insecte , confondu avec des milliers de ses semblables
dans une goutte d'eau , à peine sensible à nos regards.

Vous refuserez peut-être de croire qu'un si petit
animal puisse porter sa vue jusqu'aux étoiles. Je ne
vous chicanerai point là-dessus , quoique je pusse
vous citer un très beau vers de M. de Bonneville,
qui dit, en parlant de la puissance de Dieu :

Et sur l'œil de l'insecte il a peint l'univers.

Mais si l'insecte ne jouit pas de ce vaste spectacle,
nous en jouissons nous autres. Notre œil peut, dans
une seconde , parcourir toute l'étendue des cieux.
Il aura vu non-seulement toutes les étoiles , mais encore toutes les parties de l'espace qui les sépare ; ce
qui multiplie bien davantage la quantité des rayons
qui seront venus successivement aboutir à nos yeux.
Et cette nouvelle expérience est une preuve plus forte
encore de l'infinie petitesse des parties de la lumière,

puisqu'un si grand nombre de rayons se sont com-
battus et effacés les uns les autres dans notre œil,
sans lui causer la plus légère impression de douleur.
malgré la vitesse inconcevable dont ils viennent le
frapper.

Il vous est arrivé fort souvent de voir dans la campagne la lumière d'une chandelle qui brûlait à une
lieue au moins de vous. En traçant un cercle autour
de cette chandelle, à la distance où vous en étiez,
il est clair que de tous les points de ce cercle on aurait pu la voir, et à plus forte raison de tous les
points de l'étendue qu'il renferme. Tous les points de
cet espace, jusqu'à une distance pareille en dessus
et en dessous, si le flambeau était suspendu dans les
airs, seraient donc remplis de parties de lumière
émanées de la flamme de la chandelle. Elle ne con-
sume pas, dans la durée d'un clin d'œil, un globule
de suif gros comme la tête d'une épingle. Ce petit
globule de suif a donc fourni à la lumière une matière
capable de remplir, par sa division, un globe de
deux lieues de diamètre. Aussi le calcul peut-il démontrer qu'un pouce de bougie, après avoir été con-
verti en lumière, a donné un nombre de parties
plusieurs millions de fois plus grand que celui des sables que pourrait contenir la terre entière, en suppo-
sant qu'il tienne cent parties de sable dans la largeur
d'un pouce. Que serait-ce donc d'un pouce de matière
lumineuse infiniment plus pure, et par là susceptible d'une plus grande division ? Enfin, si un grain

de musc exhale sans cesse, et de tous côtés, des particules de sa substance; s'il les exhale pendant vingt
ans, sans rien perdre sensiblement de son volume;
si un boulet de fer d'un pied de diamètre, rougi à
un grand feu, laisse échapper des flots de particules
enflammées et lumineuses, sans que cette effusion
lui fasse perdre l'équilibre dans la plus juste balance,
vous concevrez plus aisément que le soleil puisse répandre des torrents de lumière sans paraître s'affai-
blir, et qu'une petite partie de sa masse lui suffise
pour remplir, pendant des siècles, de sa lumière et
de sa chaleur, toutes les planètes et les espaces qui
lui sont soumis.

Quant à la vitesse inconcevable de ses rayons, il
est prouvé qu'ils n'emploient qu'environ huit minutes pour venir de lui jusqu'à nous. Lorsque vous
serez un peu plus avancé dans l'étude des cieux, je
vous dirai par quelle observation on a fait d'abord cette
découverte, et comment une expérience ingénieuse
l'a confirmée. Il me suffit à présent de vous garantir
que ce point est de nature à ne pas être plus contesté
que l'existence même de la lumière.

Tout ce qui regarde les couleurs demanderait trop
de détails pour vous être expliqué dans le cours de
cet entretien ; nous y reviendrons dans un autre moment.

Il ne me reste donc plus qu'à vous parler de la
chaleur que nous devons au soleil. C'est le plus grand
et le plus sensible de ses bienfaits, puisqu'il produit

le mouvement et la vie dans tout ce qui respire. Je
me borne à présent à vous en montrer les effets dans
la végétation.

Vous vous souvenez de l'état de langueur où gé-
missait la nature pendant la triste saison de l'hiver.
La terre étant saisie d'un profond engourdissement,
les fleurs n'osaient paraître sur son sein, et les arbres étaient dépouillés de tout leur feuillage. La sève
qui les anime, en circulant, comme je vous l'ai fait
voir, dans leurs troncs, leurs branches et leurs rameaux, n'avait plus qu'un mouvement paresseux et
de défaillance qui suffisait à peine à leur conserver
un reste de vie presque insensible, et tout voisin de
la mort. Le printemps est venu réchauffer la terre, et
soudain la sève reprenant la liberté de son cours, la
verdure s'est déployée sur toutes les plantes. Comment le soleil a-t-il produit ce changement? Je vais
prendre un exemple plus près de vous, pour vous en
rendre l'explication plus aisée à concevoir.

Il n'est pas que vous n'ayez vu un de ces animaux
que les petits Savoyards portent dans des boîtes, et
qu'ils se plaisent à montrer pour quelques pièces de
monnaie aux enfants; une marmotte, s'il faut vous
dire son nom. Ces bêtes sont très sensibles au froid;
et comme il est plus pénétrant dans les montagnes de
la Savoie, où elles ont pris naissance, afin de se dérober à sa fureur, elles creusent dans la terre des
trous profonds, où elles restent renfermées pendant
l'hiver dans un morne assoupissement. Rien, comme

vous le voyez, ne peut se ressembler davautage dans
cet état, qu'un arbre et une marmotte. Ils sont tous
les deux engourdis, parce que la sève de l'un et le
sang de l'autre, qui sont les principes de leur vie,
n'ont qu'une circulation embarrassée dans les tuyaux
du premier et dans les veines du second par l'action
du froid qui les resserre. Laissons l'arbre un moment,
et ne nous occupons que de la marmotte.

Si vous étiez en voyage dans les montagnes de la
Savoie, et que vous trouvassiez un de ces animaux
engourdis, voici le raisonnement que vous feriez
sans doute : puisque c'est le froid qui cause son engourdissement, je puis l'en retirer en lui rendant la
chaleur. Mais si vous ne faisiez qu'allumer auprès
de lui un feu vif et de courte durée, quand vous re-
nouvelleriez cent fois par intervalles cette opération,
l'engourdissement n'en subsisterait pas moins. Si au
contraire, en allumant d'abord un petit feu, vous
l'augmentiez successivement, et que vous eussiez grand
soin de le renouveler sans cesse avant qu'il fût tout-
à-fait éteint, il n'est pas douteux que la marmotte ne
sortît de sa léthargie, puisque son sang reprendrait
sa fluidité. Vous la verriez bientôt étendre ses jambes, ouvrir ses yeux, secouer ses oreilles, et vous
réjouir par la souplesse et la vivacité de ses mouvements.

Voilà précisément les degrés par lesquels le soleil
tire la nature de l'engourdissement où elle était plongée, et la ramène à la vie.

La longueur des nuits de l'hiver vous a donné lieu
d'observer combien peu le soleil restait alors sur la
terre. Il venait bien l'éclairer chaque jour; mais à
peine avait-il paru quelques heures sur nos têtes,
qu'on le voyait déjà s'éloigner. D'ailleurs il ne nous
envoyait ses rayons que d'une médiocre hauteur,
même dans son midi. Il n'est donc pas étonnant que
la terre, perdant la nuit le peu de chaleur qu'elle
avait reçu pendant le jour, n'en conservât pas assez
pour se ranimer. Depuis le printemps, vous avez vu
les jours s'agrandir par des progrès plus marqués, et
le soleil darder ses rayons plus directement sur nos
têtes. Peu à peu la terre s'est dégourdie; son sein
s'est réchauffé; la sève, qui est le sang des plantes,
a repris son cours, les arbres se sont couverts de
feuilles et de fleurs; et maintenant que nous sommes
aux jours les plus longs de l'année, et le soleil au
plus haut point de son élévation sur la terre, vous
voyez des fruits déjà mûrs, d'autres qui tendent rapi-
dement à le devenir. Comme la chaleur ira toujours
en augmentant pendant l'été, les fruits qui en demandent le plus pour mûrir trouveront à leur tour le degré qui leur est nécessaire, avant que le soleil, qui
va dès la fin de ce mois (juin) perdre de son élévation
sur nos têtes, et diminuer graduellement, jusqu'à
la fin de l'automne, son cours journalier, laisse
peu à peu retomber la terre dans les horreurs de
l'hiver.

Quelle idée vous passe donc par la tête en ce mo-

ment, Charlotte? Je croyais tout à l'heure lire sur
votre visage que mon explication avait le bonheur de
vous satisfaire. Pourquoi venez-vous de froncer le
sourcil aux dernières paroles? Auriez-vous quelques
difficultés à me proposer? vous savez que je les
aime. Voyons, je vous écoute. Ah! je comprends
cette objection, et je vais moi-même vous la rappor-
ter. Puisque le soleil n'a fait cesser directement le
froid de l'hiver qu'en s'élevant plus directement sur
nos têtes, et en prolongeant la durée du jour, comment la chaleur pourra-t-elle augmenter pendant
l'été, puisque dès la fin de ce mois le soleil va perdre
chaque jour de sa hauteur sur l'horizon, et s'en éloigner plus longtemps pendant la nuit? N'est-ce pas
là ce que vous vouliez dire, seulement en termes un
peu plus clairs? Fort bien. Je suis très aise que vous
m'ayez proposé cette difficulté. Elle est toute naturelle. D'ailleurs elle me prouve que vous m'avez
prêté une oreille attentive, et que votre esprit est
déjà capable d'une certaine justesse de raisonnement.
Je me fais un vrai plaisir de vous répondre.

Vous souvenez-vous que, l'autre jour, après souper, voulant vous aller reposer à dix heures du soir
sur le banc du jardin, vous trouvâtes la pierre encore
si chaude, quoique le soleil eût cessé, depuis deux
heures, d'y darder ses rayons, qu'il vous fut impossible de vous y asseoir? Vous voyez par là qu'un
corps échauffé par le soleil peut conserver longtemps
la chaleur qu'il en a reçu, bien qu'il ne soit plus ex-

posé à ses feux. Vous concevez aussi qu'un caillou, placé sur le banc même, l'aurait bien plus tôt perdue, parce que plus le corps est petit, plus elle est prompte à s'en échapper. Il vous serait aisé d'en faire l'expérience, en jetant à la fois dans un brasier un clou et une grosse barre de fer; la barre serait bien plus longtemps à se refroidir que le clou. Ainsi, si le banc de pierre a conservé pendant deux heures après le coucher du soleil une chaleur assez forte pour vous être insupportable, il est à présumer que la terre, qui est d'une masse infiniment plus grande, l'a conservée plus avant dans la nuit, et même jusqu'au lendemain au matin. Le soleil la trouvant encore échauffée, aura donc ajouté de nouveaux degrés de chaleur à ceux qu'elle avait gardés la veille; et comme avec cette plus grande quantité elle en aura encore retenu davantage la nuit suivante, la chaleur ira toujours en augmentant, soit dans son sein, soit dans l'air, à qui elle se communique, jusqu'à ce que les nuits devenant beaucoup plus longues, et par conséquent plus fraîches, la terre perde enfin, dans leur durée, la plus grande partie de la chaleur qu'elle a reçue pendant le jour; ce qui arrive ordinairement au commencement de l'automne. C'est par ce moyen que les raisins, qui, mûrissant plus tard que les cerises, ont besoin d'une plus grande continuité de chaleur, la trouvent même lorsque le soleil ne darde pas si longtemps ses rayons sur leurs grappes.

C'est par la même raison que la chaleur est ordi-

nairement plus accablante à trois heures qu'à midi,
quoique le soleil soit déjà descendu pendant trois
heures vers l'horizon. Cet été du jour, si j'ose ainsi
parler, répond à merveille à l'été de l'année.

Après avoir parlé si longtemps des bienfaits du soleil, il vous tarde sans doute de savoir quelle place
ce roi de l'univers occupe dans son empire. C'est
ici, je l'avoue, que j'éprouve un peu d'embarras à
vous satisfaire. Tout ce que je vous ai dit jusqu'à
présent s'accordait à merveille avec vos sens et vos
idées, ou du moins ne contrariait que votre inexpé-
rience : ce qui me reste à vous apprendre contredit
tout absolument; et j'ai besoin de la confiance que je
vous ai inspirée pour vous préparer à changer d'opinion.

Tous les peuples de l'antiquité, même les plus
éclairés, excepté un ancien philosophe et ses disciples, ont cru que le soleil tournait autour de la terre;
tous les plus grands philosophes modernes, sans
exception, le croyaient aussi, il n'y a pas plus de
deux cent quarante ans; tous les enfants le croient
encore aujourd'hui, sur la foi de leurs mies et de
leurs bonnes; et tout le peuple ignorant et grossier
le croira toujours. Les expressions ordinaires du lever, de l'élévation et du coucher du soleil, employées
dans l'usage familier, même par les astronomes, pour
s'accommoder aux idées du peuple, ont contribué
à entretenir cette erreur. Il faut convenir que le premier témoignage de nos yeux lui est aussi favorable

Comment se douter que la terre tourne autour
du soleil, tandis qu'on le voit au niveau de nos pieds
le matin, à midi sur nos têtes, le soir encore à nos
pieds, et qu'il doit, selon toute apparence, se trouver la nuit par-dessous? Mais dites-moi, je vous prie,
si vous n'aviez pas vu les arbres trop bien affermis
sur le rivage pour bouger légèrement, n'auriez-vous
pas cru mille fois, en descendaut la rivière dans un
bateau, que les uns s'enfuyaient derrière vous, et que
les autres accouraient à votre rencontre? Lorsqu'on
faisait faire demi-tour au bateau pour aborder, n'auriez-vous pas cru que le rivage lui-même tournait
autour de vous, si vous ne l'aviez pas jugé plus tenace
encore que les arbres? Vous sentez donc que nos
yeux peuvent nous en imposer sur les apparences des
choses. Il était peut-être permis d'en être dupe avant
l'invention du télescope. Les anciens, ignorant la
véritable grandeur du soleil, et la jugeant beaucoup
moins considérable que celle de la terre, s'applau-
dissaient de leur sagesse en le faisant tourner autour
d'elle. Mais la terre est plus de quatorze cent mille
fois plus petite, comme cela est démontré sans répli-
que; ne serons-nous pas plus sages, à notre tour,
de le rendre immobile au centre de notre monde, et
de la faire tourner dans l'espace d'une année autour
de lui, en tournant chaque jour sur elle-même? Si
nous devons nous former les idées les plus simples de
l'ordre de la nature, que diriez-vous d'un architecte
qui aurait la bizarrerie de construire la cheminée de

manière que le foyer tournât autour du gigot que
l'on voudrait faire cuire à la broche ? Mais, de plus,
il est certain, par des observations invariables, que
c'est le gigot qui tourne devant le foyer ; je veux dire
la terre autour du soleil. Je vous en promets les
preuves les plus évidentes quand vous serez un peu
plus en état de les saisir. Tout ce que je vous demande à présent est de vous prêter du moins à ce
système comme à une supposition, pour me mettre
en état de vous conduire aux preuves qui doivent en
établir dans votre esprit l'incontestable vérité.

Je croyais avoir terminé la partie la plus difficile de
mon entreprise : mais voilà des étoiles qui viennent
me jeter dans un nouvel embarras. Puisque nous
sommes sur le chemin des grandes vérités, il faut aller plus loin, et vous dire que cette voûte céleste ne
tourne pas plus que le soleil autour de la terre, et
que c'est la terre au contraire qui, tournant sur
elle-même en vingt-quatre heures, s'imagine que les
étoiles font dans le même temps cette révolution.
Cela serait aussi un peu trop exigeant de sa part;
car il faudrait ,pour obéir ponctuellement à ses ordres, qu'elles fissent quarante-neuf millions de lieues
par seconde ; ce qui surpasse tant soit peu la plus
grande vitesse de nos chemins de fer. Si la terre a
besoin de la chaleur et de la lumière du soleil, il est
de toute bienséance qu'elle se donne la peine de tourner autour de lui et sur elle-même pour les recevoir;
d'autant mieux que, par la même occasion, et sans

faire sa pirouette plus vite, elle peut promener successivement ses regards sur la douce illumination des
étoiles, bien qu'elles lui soient tout-à-fait étrangères.

Mais je commence à sentir que la soirée devient un
peu fraîche. Je crois qu'il serait à propos d'entrer au
logis pour continuer cet entretien.

Nous voilà un peu remis de la fatigue de notre
promenade. Sonnez, je vous prie, Henri, pour qu'on
nous donne des lumières; et vous, Charlotte, ap-
portez ici votre globe.

Je vous ai dit que le soleil demeure toujours constamment à la même place, et que la terre décrit
un grand cercle autour de lui chaque année, en
tournant chaque jour sur elle-même. Il vous paraît
difficile de concevoir qu'elle puisse se livrer à ces
deux mouvements à la fois. Comment donc? qui
vous empêcherait de tourner tout autour de la chambre en pirouettant? Si vous faisiez ce tour en trois
cent soixante-cinq pirouettes, le grand cercle que
vous décririez représenterait le mouvement annuel
de la terre, et chaque pirouette son mouvement journalier. Si ce flambeau était placé au milieu du cercle,
n'est-il pas vrai qu'à chaque demi-pirouette vous le
verriez ou le perdriez de vue, selon que vous lui tour-
neriez le visage ou le dos? Cette alternative peut
vous donner une idée de la manière dont la terre reçoit tour à tour la lumière du jour et l'obscurité de
la nuit. Appliquons cette expérience à notre globe.

Je vais piquer une épingle blanche sur cette moitié
qu'il présente au flambeau, et une épingle noire sur
l'autre qu'il lui dérobe. Si je tourne le globe, cette
partie où est l'épingle noire, et qui est maintenant
dans l'obscurité, va s'éclairer ; et celle où est l'épingle blanche, et qui est maintenant éclairée, va se cacher dans l'obscurité. C'est une image fidèle de ce
qui arrive à la terre chaque jour et chaque nuit.
Chaque pays, à mesure qu'il se tourne vers le soleil,
reçoit la lumière de ses rayons, et, à mesure qu'il
s'en détourne, rentre dans l'obscurité des ténèbres.
Par ce moyen, toutes les parties de la terre ont,
l'une après l'autre, la chaleur du jour pour
échauffer et mûrir leurs productions, et les douces
rosées de la nuit pour humecter le sol brûlant et l'air
embrasé, rafraîchir les plantes, les animaux et les
hommes. Les parties de la terre qui sont représentées
autour de ces deux points où la branche de fer qui
traverse le globe en sort des deux côtés, sont appelées les pôles du Sud et du Nord. Ce sont des places
très froides, attendu que le soleil ne s'y laisse pas
voir pendant plusieurs mois ; mais en revanche,
après cette longue nuit, on est plusieurs mois sans
le perdre de vue ; en sorte que l'année se partage,
pour les habitants de ces lieux, en un seul jour de
six mois et une seule nuit de la même durée. On vous
en fera sentir la raison lorsque vous apprendrez à
connaître en détail les usages du globe. Vous plaignez
les pauvres gens qui vivent dans ces contrées : en

effet le séjour du pays que nous habitons me paraît infiniment préférable. Je vous dirai seulement, afin d'adoucir les regrets que leur sort vous inspire, que l'absence du soleil n'est pas un si grand malheur pour eux qu'il le serait pour nous, s'il venait tout-à-coup à nous priver pendant six mois de ses bienfaits. Les productions de ces contrées sont différentes de celles de notre pays, et sont formées par la nature de manière à croître sous ce climat. Les habitants sont peut-être aussi heureux que nous avec des plaisirs différents. Ils travaillent d'un grand courage pendant leur été, à dessein de ramasser des provisions pour leur hiver; et alors ils dansent et chantent à la lueur de leurs torches, comme nos gens de campagne aux doux rayons du soleil.

Je crois lire sur votre physionomie, Henri, que vous n'êtes pas bien pleinement satisfait de ma démonstration. Voyons, je serais bien aise de savoir ce qui vous embarrasse. Oh! je m'en doutais. Vous pensez que si la terre tourne ainsi sur elle-même, les gens .... sous nos pieds, de l'autre côté du cieux qui l'enveloppent de toutes parts. Je me réjouis de ce que vous m'avez fait connaître vos doutes, pour me mettre en état de les dissiper. Supposons que ce globe, au lieu d'être de carton, est d'aimant, comme la petite pierre que je vous ai donnée : n'est-il pas vrai que si vous lui présentez un morceau de fer, soit en haut, soit en bas, il ne manquera pas de

l'attirer, et que le globe d'aimant aura beau tourner
sur lui-même, le morceau de fer ne s'en détachera
pas plus, soit que la partie à laquelle il tient s'élève
ou s'abaisse? Il est vrai, dites-vous; mais c'est parce
que l'aimant attire le fer. Eh bien, mon petit
ami, vous venez de résoudre vous-même la difficulté. Nous sommes portés vers la terre par une
force d'attraction, comme le fer est porté vers l'aimant. Il n'y a pas d'autre en-bas pour le fer que le
centre de la boule d'aimant vers lequel il est attiré ;
comme il n'y a d'autre en-bas pour nous que le centre de la terre qui nous attire. Vous aurez donc beau
faire tourner le globe, nous serons toujours sur nos
pieds, tant qu'ils seront dirigés vers le centre de la
terre, comme ils le sont sur chaque point de sa surface. Posez une aiguille sur votre aimant, et faites-le
tourner ensuite entre vos doigts. Voilà l'aiguille en-
dessous; cependant elle ne tombe point. Essayez de
l'en séparer, elle résiste. Vous en êtes pourtant venu
à bout. Rendez-lui maintenant sa liberté ; elle retourne à l'aimant, et, quoique de bas en haut, reau globe que vous appelez en-dessous. Si je vous sé-
parais de la terre, et que je vous abandonnasse à
vous-même, vous y retomberiez comme ici. L'aiguille n'a pas de vie, et par conséquent ne peut se
mouvoir autour de l'aimant; ainsi une pierre inani-
mée ne se meut pas d'elle-même sur la terre.
L'homme et les animaux, qui sont vivants, peuvent

au contraire se mouvoir sur le globe, malgré la force
qui les porte vers son centre, parce qu'étant également éloignés de ce point, une partie de la surface
ne les attire pas plus que l'autre. Lorsque je monte à
cheval, je ne laisse pas que d'être toujours attiré
vers la terre ; mais je n'y tombe point, parce que le
corps du cheval, en me soutenant, m'en sépare, et
qu'il m'est impossible de tomber à travers un cheval ;
mais si un de ses soubre-sauts me fait perdre selle,
je tombe à terre immédiatement.

Vous vous étonnez de ce que nous ne sentons pas
le mouvement de la terre : je vous dirai d'abord que,
quoiqu'elle soit emportée d'un cours très rapide, ce
mouvement doit nous paraître insensible, parce que
ne trouvant point de résistance, elle ne doit point
éprouver de secousse, et qu'il nous est souvent arrivé de ne point sentir le mouvement d'un bateau,
lorsqu'il suit le fil du courant. D'ailleurs pensez-vous
qu'un ciron, posé sur une boule aussi grosse que le
Louvre, qui tournerait sans cahotement sur elle-
même, pût sentir cette rotation? Je ne le crois pas.
Comme rien ne changerait autour de lui, et que tous
les objets à la portée de sa vue resteraient à la même
place sur la boule, il devrait naturellement la juger
immobile. Nous devons, par la même raison, ne pas
nous apercevoir du mouvement de notre globe, tout
ce qui nous environne sur sa surface étant emporté
de la même vitesse que nous-mêmes.

LA LUNE.

En vous faisant tourner vos pensées vers les cieux, je ne dois pas oublier de vous parler de la lune, compagne fidèle de la terre, qui tourne autour d'elle, en la suivant dans sa course autour du soleil, et l'éclaire en l'absence du jour. Elle n'est pas un globe de feu comme le soleil; mais elle reçoit de lui toute la lumière qu'elle nous renvoie. On suppose qu'elle est à peu près de la même nature que la terre sur laquelle nous vivons, mais cinquante fois plus petite. Ses habitants, s'il est vrai qu'elle soit peuplée, reçoivent comme nous la lumière du soleil, et retirent les mêmes avantages de sa chaleur et de ses rayons vivifiants. Si nous étions transportés sur sa face, la terre, de ce point, nous paraîtrait comme une lune, excepté seulement qu'elle serait beaucoup plus grande, et par conséquent elle nous réfléchirait avec plus d'éclat les rayons qu'elle reçoit du soleil. La terre et la lune ont, l'une et l'autre, trop d'épaisseur pour que le soleil puisse les traverser de sa lumière; il ne peut qu'en faire briller la surface, comme le flambeau fait briller la surface de tous les objets

qu'il éclaire, et qui, sans lui, se déroberaient à nos
regards dans la profondeur des ténèbres.

Prenez ma montre, Henri, et portez-la dans un
endroit obscur, on ne la verra point; que le flambeau brille sur elle, vous la verrez aussitôt paraître
reluisante, parce qu'elle reçoit sa lumière. Il en est
ainsi de la lune. Nous voyons reluire cette partie de
sa surface sur laquelle brille le soleil. Tantôt nous la
voyons sous la forme d'un petit croissant, et tantôt
dans toute la plénitude de sa rondeur. Ce n'est pas
que le soleil ne brille toujours sur toute une de ses
moitiés à la fois; mais il arrive qu'une partie de
cette moitié se dérobe à nos regards. Je puis vous le
faire comprendre par le secours du globe, plus aisément que par aucune figure que je pourrais vous
tracer.

Supposons que ce flambeau soit le soleil, ce globe
la lune, et que votre tête, Henri, soit la terre. Tandis que la terre tourne autour du soleil, la lune
tourne autour de la terre, et à peu près dans le
même plan. Il est donc clair que la lune doit se trouver tantôt entre le soleil et la terre, et tantôt la terre
entre le soleil et la lune. Il est facile de vous représenter ces mouvements. Plaçons d'abord la lune entre le soleil et la terre, c'est-à-dire le globe entre le
flambeau et vous. Telle est la situation de la lune
lorsqu'elle est nouvelle. Toute la moitié du globe
éclairée par le flambeau est tournée vers lui; ainsi
vous ne pouvez l'apercevoir. Toute la moitié obscure

9..

est tournée vers vous ; ainsi vous ne pouvez pas la voir davantage. Aussi la lune nouvelle se dérobe-t-elle toujours à nos yeux.

Si je détourne un peu le globe à votre gauche, vous commencez à en apercevoir une petite partie éclairée, sous la forme d'un croissant qui s'agrandit peu à peu, jusqu'à ce que le globe soit parvenu à un quart du cercle que je lui fais décrire autour de vous. Tournez la tête sur votre épaule gauche, vous voyez déjà la moitié de sa moitié qui est éclairée ; voilà le premier quartier.

Ce quartier s'agrandit par degrés à son tour, jusqu'à ce que le globe soit parvenu derrière vous. Tournez le dos au flambeau, vous voyez toute la moitié du globe éclairée, parce que toute cette moitié est tournée vers vous même temps qu'elle regarde le flambeau ; c'est ce qu'on appelle pleine lune.

Tandis que le globe continue son cercle, sa moitié éclairée décroît peu à peu à vos yeux de la même manière qu'elle s'est agrandie ; ce qui produit ce qu'on nomme le décours de la lune. Vous voyez encore le globe se présenter aux trois quarts de sa moitié éclairée, puis à la moitié de cette moitié ; voilà le dernier quartier.

Vous voyez ce quartier ne former bientôt qu'un croissant, et enfin se dérober à vos regards, lorsque le globe redevient nouvelle lune, c'est-à-dire dès qu'il revient au point d'où il est parti, quand je lui ai fait commencer à décrire son cercle autour de vous, c'est-à-dire entre le flambeau et votre tête.

La lune emploie vingt-sept jours sept heures qua-
rante-trois minutes à tourner autour de la terre, et
un pareil espace de temps à tourner sur elle-même.
C'est pour cela qu'elle présente toujours la même face
à la terre. On vous en fera sentir un jour la raison.

LES ÉCLIPSES.

Les éclipses de soleil et de lune, que j'ai toujours
pris soin de vous faire observer, sont occasionnées
par cette révolution de la lune autour de la terre.

Le soleil est éclipsé à nos yeux lorsque la lune se
trouve exactement entre lui et la terre. Par ce que je
viens de vous démontrer, vous comprenez aisément
que les éclipses de soleil ne peuvent arriver que dans
la nouvelle lune, parce que c'est le seul temps où la
lune soit entre le soleil et la terre.

La lune est éclipsée à nos yeux lorsque la terre se
trouve entre elle et le soleil ; et vous sentez également
que les éclipses de lune ne peuvent arriver que lorsqu'elle est à son plein, parce que c'est le seul temps
où la terre se trouve entre le soleil et la lune.

Chaque nouvelle lune amènerait une éclipse de
soleil, et chaque pleine lune une éclipse de lune, si
le soleil, la lune et la terre, ou le soleil, la terre et

la lune se trouvaient toujours alors exactement dans la même ligne ; mais comme la lune se trouve tantôt au-dessus, tantôt au-dessous de cette direction, les éclipses ne peuvent arriver à chaque lune pleine ou nouvelle.

Supposons encore que le flambeau, le globe et votre tête, Henri, représentent les mêmes objets que tout à l'heure ; je puis aisément vous faire une éclipse de soleil en plaçant le globe qui est la lune, entre le flambeau qui est le soleil, et votre tête qui est la terre, puisque vous vous trouverez alors tous les trois dans la même ligne, et que le globe vous cache le flambeau. Mais si j'élève un peu le globe au-dessus de cette direction, il se trouvera bien entre le flambeau et vous, mais il ne pourra vous cacher, puisque vous cessez d'être tous les trois dans la même ligne, et que l'ombre du globe passe au-dessus de votre tête.

Je puis même vous faire une éclipse de lune en plaçant votre tête qui est la terre, entre le flambeau qui est le soleil, et le globe qui est la lune, puisque vous vous trouvez alors tous les trois dans la même ligne, et que votre tête cache au globe le flambeau. Mais si je vous faisais un peu baisser la tête au-dessous de cette direction, votre tête se trouverait bien entre le flambeau et le globe, mais elle ne pourrait cacher au globe le flambeau, puisque vous cessez d'être tous les trois dans la même ligne, et que l'ombre de votre tête, qui se répandait tout à l'heure sur le globe, passe maintenant au-dessous.

Je n'ai pu vous donner ici qu'une image imparfaite
et grossière, soit de la révolution de la terre autour
du soleil et de celle de la lune autour de la terre, soit
des éclipses qui en résultent, parce qu'il aurait fallu
prendre les choses de plus loin. Dans nos entretiens
suivants, vous y trouverez des détails plus exacts et
plus étendus sur ces phénomènes, et vous en sentirez
en même temps les causes et les effets. C'est là que
vous apprendrez comment tout se combine et s'accorde
dans la marche invariable des corps célestes ; comment l'homme a su démêler toute la complication de
leurs mouvements, et les calculer avec précision ; par
quel mélange de conjectures ingénieuses, d'analogies
sensibles et d'observations sûres il a su tracer leurs
cours, mesurer leurs distances, et déterminer jusqu'à
leurs influences mutuelles dans leur immense éloignement.

LES PLANÈTES.

La terre n'est pas le seul corps qui fasse une révolution autour du soleil pour en recevoir la lumière.
Il en est d'autres qu'on nomme planètes, comme
elle, c'est-à-dire astres errants, parce que, malgré
la régularité de leurs mouvements, ils changent con-

tinuellement de place, soit entre eux, soit par rapport aux étoiles fixes, dans la course qu'ils font autour du soleil, placé au milieu des orbites qu'ils parcourent les uns au-dessus des autres.

On compte sept planètes principales, dont voici l'ordre : Mercure, Vénus, la Terre, Mars, Jupiter, Saturne, et la planète d'Herschell, découverte il y a peu d'années par cet astronome, dont on lui a donné le nom. Nous allons les parcourir successivement.

MERCURE.

Mercure, la planète la plus voisine du soleil, est la plus petite de toutes, et celle dont la révolution se fait en moins de temps. Elle n'y emploie que quatre-vingt-huit jours.

Elle est quinze fois moins grosse que la terre, et sa moyenne distance en est de trente-quatre millions trois cent cinquante sept mille quatre cent quatre-vingts lieues. On n'a pu découvrir encore si Mercure tourne sur lui-même tandis qu'il tourne autour du soleil. Quoiqu'il brille plus que les autres planètes, il est plus difficile de le voir, parce que la trop grande proximité de l'astre de la lumière fait qu'il est presque toujours perdu dans l'éclat de ses rayons. On ne le voit que comme un point obscur sur la face du soleil.

VÉNUS.

Vénus, que nous appelons tour à tour, par excellence, l'étoile du matin et du soir, se voit un peu avant le lever du soleil, ou un peu avant son coucher. Sa juste proximité de l'astre du jour et les inégalités de sa surface, propres à réfléchir de tous côtés la lumière qu'elle en reçoit, la font scintiller comme les étoiles. Elle est plus petite d'un neuvième que la terre, et sa distance moyenne en est, comme celle de Mercure, de trente-quatre millions trois cent cinquante-sept mille quatre cent quatre-vingts lieues. Le temps de sa rotation sur elle-même est de vingt-trois heures vingt minutes, et celui de sa révolution autour du soleil de deux cent vingt-quatre jours quinze heures. Avec une lunette de seize pieds on la voit trois fois plus grande que la lune dans son plein, à la simple vue. Vous apprendrez un jour avec autant de plaisir que de surprise de quelle utilité pour nous est l'observation de son cours.

LA TERRE.

Je vous ai déjà parlé de la révolution que la terre fait autour du soleil ; il me suffira d'ajouter qu'elle y emploie trois cent soixante-cinq jours cinq heures quarante-neuf minutes, tandis qu'elle emploie vingt-

quatre heures à tourner sur elle-même , c'est-à-dire
à présenter successivement au soleil les différentes
parties de sa surface. On estime sa distance moyenne
du soleil trente-quatre millions trois cent cinquante-
sept mille quatre cent quatre-vingts lieues, et sa distance moyenne de la lune, quatre-vingt-six mille trois
cent vingt-quatre lieues (1).

Quant à sa mesure, on compte qu'elle a deux
mille huit cent soixante-cinq lieues de diamètre,
c'est-à-dire d'un point de surface à un autre, en
passant par le centre , et neuf mille lieues de circon-
férence ou de tour.

Pour ce qui regarde sa figure , et les mesures que
l'on a prises pour la déterminer, ainsi que sa distance
des corps célestes, la vicissitude des saisons qu'elle
éprouve , l'inégalité de ses jours et de ses nuits, etc . ,
tout cela , dis-je , vous sera expliqué , et l'on tâchera
de vous le présenter de la manière la plus propre à
vous intéresser , soit par la clarté , la précision et la
méthode , soit par le choix des images et des compa-
raisons empruntées des objets les plus sensibles , et
qui vous sont les plus familiers.

(1) Il est nécessaire de prévenir que les lieues dont on parle
dans toute la suite de cet entretien sont de 2283 toises, ou de 25
au degré.

MARS.

Mars est beaucoup moins gros que la terre, puisqu'il n'a que les trois cinquièmes de son diamètre. Il
parcourt son orbite autour du soleil en une année
trois cent vint-un jours vingt-trois heures et demie, et
tourne sur lui-même en vingt-quatre heures quarante
minutes. Sa distance moyenne de la terre est de cent
cinquante deux millions trois cent cinquante mille
deux cent quarante lieues. Il est un point de son orbite
où il se trouve de soixante-huit millions de lieues plus
près de nous que dans le point opposé; aussi paraît-
il alors presque sept fois plus gros que dans son plus
grand éloignement. On y découvre quelquefois des
bandes, les unes obscures, qui absorbent les rayons
du soleil, les autres claires, mais qui nous renvoient
une lumière rougeâtre. Dans sa plus grande et sa plus
petite distance de la terre, il nous présente une de
ses moitiés éclairée tout entière par le soleil; mais
dans ses quartiers, on le voit s'agrandir et décroître
comme Vénus, toutefois sans reparaître jamais comme
elle sous la forme d'un croissant; ce qui sera facile
à vous expliquer.

JUPITER.

Jupiter, la plus considérable des planètes, est
treize cent fois environ plus gros que la terre. Il

tourne sur lui-même en neuf heures cinquante-six
minutes, et emploie onze ans et trois cent quinze
jours huit heures à faire sa révolution autour du
soleil. Sa distance moyenne de la terre est de cent
soixante-dix-huit millions six cent quatre-vingt-douze
mille cinq cent cinquante lieues. Il est accompagné
de quatre lunes, qu'on appelle satellites, qui font
leur révolution autour de lui, comme la lune autour
de la terre. Ces satellites sont sujets entre eux, et de
la part de leur planète, à plusieurs éclipses qui ont
été du plus grand secours pour avancer les progrès
de la géographie, et pour déterminer la nature du
mouvement de la lumière et les degrés de sa vitesse,
ainsi que vous le verrez un jour, avec d'autres particularités fort curieuses concernant cette planète.

SATURNE.

Saturne, jusqu'à la découverte de la planète
d'Herschell, a passé pour la planète la plus éloignée
de nous ainsi que du soleil. Sa révolution autour de
lui est de vingt-neuf années et cent soixante-dix-sept
jours. Il est environ mille fois plus gros que la terre,
et sa distance moyenne en est de trois cent vingt-sept
millions sept cent vingt lieues. On n'a pu encore découvrir de lui, non plus que de Mercure, s'il a un
mouvement de rotation sur lui-même ; il a, comme
Jupiter, des satellites qui l'accompagnent, au nombre

de cinq , que l'on a découverts successivement. Outre
ses satallites , Saturne est environné d'un anneau
qui lui forme une large ceinture , mais sans le toucher
en aucun point, puisqu'à travers l'intervalle qui les
sépare on peut apercevoir des étoiles fixes. Cet
anneau, suivant les différentes positions qu'il prend
autour de Saturne , le fait paraître à nos yeux sous
divers aspects singuliers dont on aura soin de vous
donner la peinture et l'explication.

LA PLANÈTE D'HERSCHELL.

Cette planète vient de faire perdre à Saturne le
poste qu'on lui supposait aux dernières limites du
monde planétaire. C'est elle qui renferme à présent
toutes les autres planètes , et Saturne lui-même, dans
son imense orbite. C'est le 13 et le 17 mars 1781 que
M. Herschell l'a observée à Bath , ville d'Angleterre.
Confondue parmi les étoiles fixes , il ne l'a reconnue
que par .... lentement.
Sur ce qu'on en a pu observer dans une très petite
partie de son cours , on la suppose deux fois plus
éloignée du soleil que Saturne , et sa révolution
autour de lui, de près de quatre-vingt-dix ans. La
ressemblance de sa lumière avec celle des plus petites
étoiles avait fait méconnaître son véritable caractère ;
et nous ne la devons qu'aux observations infatigables
de M. Herschell, et à la bonté de ses instruments

qu'il fabrique lui-même avec une constance et un génie qui lui ont valu un nom dans les cieux.

La découverte de cette planète jettera sans doute un nouveau jour sur notre système, en reculant ses bornes si avant dans la profondeur de l'espace.

LES COMÈTES.

AU-DELA des planètes dont nous venons de parler roulent encore d'autres grands corps, dépendants comme elles de l'empire du soleil, qui viennent se montrer à nos yeux et y demeurent souvent exposés quelques mois, puis ensuite se dérobent à notre vue, la plupart pour des siècles, à cause de l'éloignement immense où ils se perdent dans une partie de leur cours. Ces corps errants, à peu près de la t... g de notre globe, sont appelés comètes.

Suivant les meilleures observations qu'on ait fait jusqu'à présent, le mouvement des comètes semble être sujet aux mêmes lois par lesquelles les planètes sont gouvernées. Les orbites que les unes et les autres décrivent autour du soleil sont des ovales ou des ellipses, avec cette différence toutefois que l'ovale de l'orbite des planètes se rapproche beaucoup d'un

cercle parfait, au lieu que celui de l'orbite des comètes est excessivement allongé, qu'elles paraissent
se mouvoir presque en ligne droite, et tendre directement vers le soleil.

Il suit de là que lorsqu'elles sont le plus près de cet
astre, soumises à la plus grande force de son attraction, et par là même acquérant plus de vitesse pour
s'en éloigner, comme on vous l'expliquera dans la
suite; il suit de là, dis-je, que leur cours doit être
alors infiniment plus accéléré que lorsqu'elles en sont
à leur plus grande distance. C'est la raison pour laquelle les comètes font un séjour de si courte durée
parmi nous, et que lorsqu'elles s'en éloignent elles
sont si longtemps à reparaître. Une autre différence
qui les distingue des planètes, c'est que celles-ci ont
toutes un mouvement commun qui les emporte d'occident en orient, et que les comètes, au contraire,
n'ont point de direction uniforme, les unes allant
d'orient en occident, les autres vers le nord ou vers
le midi. Celle qui parut en 1707 allait presque directement du midi au nord, d'un pôle à l'autre; mais,
sur la fin, elle paraissait retourner du nord au midi,
et de là tendre, par une route oblique, de l'occident
vers l'orient.

Les comètes se distinguent enfin des planètes par
une longue traînée de lumière qui les accompagne,
toujours étendue dans une direction opposée au soleil,
et qui semble prendre la forme d'une queue, d'une
barbe ou d'une chevelure, suivant les différentes po-

sitions où la comète se trouve autour de lui et par
rapport à nous. Comme, à mesure qu'elle en approche ou qu'elle s'en éloigne, on voit cette traînée
de lumière s'accroître ou diminuer, l'opinion la plus
générale est qu'elle est formée par des vapeurs très
subtiles que la chaleur du soleil fait exhaler du corps
de la comète. Celle de 1680 n'étant éloignée du
soleil que d'environ deux cent mille lieues, sa queue
fut la plus longue qu'on ait encore observée. Newton
a démontré que cette comète dut éprouver un degré
de chaleur deux mille fois plus grand que celui d'un
fer rouge, et vingt-huit mille fois plus grand que
celui de nos jours brûlants d'été, à l'heure du midi.

Ces vapeurs si subtiles que, dans leur transparence, elles laissent entrevoir les étoiles fixes, ne
suivent point les comètes dans le reste de leur cours;
mais à mesure qu'elles se répandent dans les régions
célestes, elles sont, suivant Newton, attirées par les
planètes, et servent à nourrir leur atmosphère. Les
comètes, à leur tour, soumises dans chaque nouvelle
révolution à une attraction plus puissante de la part
du soleil, approchent de plus en plus de son atmosphère, et finissent par y être englouties pour
réparer les pertes qu'il fait par l'émission de sa lumière.

Les anciens ne voyant dans les comètes que des vapeurs et des exhalaisons élevées jusqu'à la région
supérieure de l'atmosphère terrestre, et enflammées
par l'action des vents, ne songeaient guère à faire

des recherches suivies sur leurs périodes. Aussi n'a-
vons-nous pu recueillir que des notions très impar-
faites. En moins d'un siècle et demi, les astronomes
modernes ont fait sur les comètes plus d'observations
que n'en avait pu fournir toute l'antiquité. La science
sur cet objet est cependant encore toute nouvelle. Le
retour de la comète de 1682 en 1759, suivant les
prédictions de Halley et Cassini, et les savants calculs
de MM. Clairaut et de Lalande, a bien fait connaître
que sa révolution autour du soleil était de soixante-
quinze ans et demi, à quelques inégalités près, occasionnées par l'action que Jupiter et Saturne exercent sur elle, puisqu'elle avait déjà été observée en
1607, 1532, 1456. On a aussi des observations
exactes sur plus de soixante comètes ; mais s'il est
vrai, comme le conjecture M. de Lalande, qu'il y en
ait plus de trois cents dans notre système solaire,
combien de temps ne faut-il pas encore pour que l'on
ait été à portée d'en déterminer le nombre, d'en calculer la masse, la distance et l'orbite, d'en démêler
le mouvement et les nœuds, et d'établir la durée invariable de leurs révolutions ! Celle de 1680, que M.
Jacques Bernouilli avait cru devoir reparaître en 1719,
a trompé les calculs de cet habile géomètre. Peut-
être en faudra-t-il revenir à l'opinion de M. Halley,
qui lui donne une période de cinq cent soixante-
quinze ans, et la fait remonter, par une suite de
révolutions régulières, dont les quatre dernières sont
déjà connues, jusqu'à l'année précise du déluge uni-

versel. C'est dans l'année 2255 que l'on pourra
s'assurer si tel est en effet le temps de sa période.

D'après les observations faites sur sa forme, sa
grandeur et sa route par tous les savants de l'Europe à son dernier passage, il ne sera pas difficile de
la distinguer de toute autre, s'il en paraissait dans la
même année, surtout si les observations diverses que
l'on aura occasion de faire dans l'intervalle ont fait
prendre à l'astronomie, sur la théorie des comètes,
le degré d'avancement que l'on doit naturellement
espérer.

La comète de 1680, dans un point de son passage,
s'approcha de si près d'une partie de l'orbite de la
terre, que si la terre se fût trouvée alors dans cette
partie, sa distance de la comète n'eût pas été plus
grande que la distance où elle est de la lune, et
qu'elle aurait vraisemblablement souffert de ce voisinage. Celle de 1769, arrivée un mois plus tard, aurait produit un bouleversement terrible dans les eaux
de la mer. Huit autres comètes passent dans leurs
orbites assez près de notre globe pour lui faire craindre le même sort. Quelle idée ne devons-nous pas
prendre, à cet aspect, de la sagesse qui règne dans
l'ordre sublime de l'univers! Le moindre dérange-
ment produit dans la combinaison des attractions
mutuelles du soleil et des corps dont il est le centre,
un seul de ces corps arrêté pour un instant dans son
cours, suffirait pour replonger tout notre monde
dans le chaos, et entraîner peut-être la ruine des

des mondes innombrables qui nous environnent.
Cependant cet équilibre admirable se soutient depuis
des milliers d'années, et chaque instant de sa durée
semble ajouter à sa solidité, en nous montrant une
Providence éternelle qui veille sans cesse à l'entretenir. Cherchons à lire sur le front des étoiles des ca-
ractères bien plus frappants encore de sa magnificence
et de sa grandeur.

LES ÉTOILES FIXES.

Les étoiles fixes sont ces astres étincelants et lumineux qui, dans la sérénité d'une belle nuit, nous paraissent répandus de tous côtés dans les régions sans
bornes de l'espace céleste. On les appelle fixes,
parce qu'on a remarqué qu'elles gardaient toujours
entre elles la même distance, depuis l'origine des
siècles, sans avoir aucun des mouvements observés
dans les planètes. Elles doivent être placées à un
éloignement bien prodigieux, puisque non-seulement
Saturne, dont la distance de la terre est de près de
trois cent vingt millions de lieues, les éclipse, mais
encore que le télescope, qui grossit deux cents fois
le disque apparent de Saturne, en produisant le
même effet sur les étoiles, ne nous les présente ce-

pendant que comme un point presque imperceptible,
parce qu'il les dépouille en même temps de ce
rayonnement et de cette scintillation sans lesquels
elles seraient invisibles à nos regards; en sorte que
l'on soupçonne la distance de Sirius, la plus brillante des étoiles fixes, et à qui l'on donne un diamètre de trente-trois millions de lieues, capable,
s'il était entre la terre et le soleil, de remplir l'intervalle qui les sépare, et de les toucher presque l'un
et l'autre par ses points opposés, d'être quatre cent
mille fois plus grande que celle de la terre au soleil (1).

Une autre preuve de l'éloignement incompréhen-
sible des étoiles fixes, c'est que, quoiqu'en un
temps de l'année, la terre, dans un point de son
orbite, soit d'environ soixante-six millions de lieues
plus près de certaines étoiles fixes que dans le point
opposé cependant, malgré ce raprochement con-

(1) Telle est aussi l'opinion de M. Euler. Quelque prodigieuse,
dit-il, que nous paraisse la distance du soleil, dont les rayons
nous parviennent cependant en huit minutes, l'étoile fixe la
plus près de nous en est pourtant plus de quatre cent mille fois
plus éloignée que le soleil. Un rayon de lumière qui part de cette
étoile emploiera donc un temps de quatre cent mille fois huit
minutes à parvenir jusqu'à nous; ce qui fait cinquante-trois mille
trois cent trente-trois heures, ou deux mille deux cent vingt-
deux jours, à peu près six ans. Il y a donc six ans que les
rayons de l'étoile fixe, même la plus brillante, et probablement
la plus proche, qui entrent dans nos yeux pour y représenter
cette étoile, en sont partis, et ont employé un temps si long
pour parvenir jusqu'à nous.

sidérable, la grandeur ou la position de ces étoiles
n'en est pas variée; de manière que cette immense
orbite n'est qu'un point dans la mesure de la distance, et que nous pouvons toujours nous supposer
dans le même centre des cieux, puisque nous avons
toujours le même aspect sensible des étoiles, sans
aucune altération.

Si un homme pouvait se placer aussi près de quelque étoile fixe que nous le sommes du soleil, il
verrait sans doute cette étoile de la même forme que
le soleil paraît à nos yeux; et le soleil, à son tour,
ne lui paraîtrait pas plus grand que nous ne voyons
actuellement cette étoile; et en comptant de là les
étoiles fixes les plus reculées, il ferait entrer notre
soleil dans leur nombre, sans être capable de le distinguer.

Il est évident par là que toutes les étoiles fixes sont
autant de soleils qui brillent par leur lumière propre
et naturelle. Des corps qui ne feraient que nous réfléchir une lumière empruntée n'auraient, à une distance si prodigieuse, ni scintillation ni rayonnement,
puisque la lune, qui n'est éloignée de nous que d'environ quatre-vingt-six mille lieues, n'en a point; et
il nous serait impossible de les apercevoir, puisque
les satellites de Jupiter et de Saturne sont invisibles
à la simple vue.

Nous n'avons aucune raison de supposer, dit le
célèbre d'Alembert, que les étoiles soient dans une
même surface sphérique du ciel; car sans cela elles

seraient toutes à la même distance du soleil et diffé-
remment distantes entre elles, comme elles nous le
paraissent. Or pourquoi cette régularité d'une part
et cette irrégularité de l'autre? Il me paraît en effet
plus raisonnable de penser qu'elles sont répandues
de toutes parts dans l'espace illimité du grand univers,
et qu'il peut y avoir un aussi grand intervalle
entre elles, dans la profondeur reculée des cieux,
qu'entre notre soleil et une étoile fixe. Si elles nous
paraissent de différentes grandeurs, ce n'est peut-
être pas qu'elles soient ainsi réellement; c'est qu'elles
sont à des distances inégales de nous : celles qui sont
plus proches surpassent en éclat et en grandeur
apparente celles que sont plus éloignées, dont la
lumière par conséquent doit être moins vive, et qui
doivent paraître plus petites à nos regards.

Les astronomes distribuent les étoiles en différentes classes. Celles qui nous paraissent les plus grandes et les plus brillantes sont appelées étoiles de la
première grandeur. Celles qui en approchent le plus
pour l'éclat et la masse sont appelées étoiles de seconde grandeur, et ainsi de suite jusqu'à ce que nous
arrivions aux étoiles de la sixième grandeur, qui
sont les plus petites qu'on puisse observer à la simple
vue.

Il y a un grand nombre d'étoiles qu'on découvre à
l'aide du télescope; mais elles ne sont point rangées
dans l'ordre des six classes, et on les appelle seulement étoiles télescopiques. On n'y a pas fait entrer

non plus celles qui ne sont distinguées qu'avec peine,
et qui paraissent sous la forme de petits nuages bril-
lants. On les appelle étoiles nébuleuses. On croit que
ce sont des amas de petites étoiles fort éloignées.

Il faut observer que, quoique l'on ait compris
dans l'une des six classes toutes les étoiles qui sont
visibles à l'œil, il ne s'ensuit pas que toutes les étoiles
répondent réellement à l'une ou à l'autre de ces
classes. Il peut y avoir autant de classes d'étoiles que
d'étoiles mêmes; peu d'entre elles paraissant être de
la même grandeur et du même éclat.

Les anciens astronomes, afin de pouvoir distinguer
les étoiles par rapport à leur position respective, ont
divisé tout le firmament en constellations ou assem-
blages d'étoiles, composées de celles que sont près
l'une de l'autre. On les rapporte à la forme de quelques animaux, tels que des lions, des serpents, des
ours, ou à l'image de quelques objets familiers,
comme une couronne, une harpe, un triangle, et on
leur en donne le nom, quoiqu'elle ne présentent nul-
lement ces figures.

Les anciens avaient arrangé ces constellations dans
les cieux, soit pour se retracer le cours des travaux
de l'agriculture, soit pour conserver le souvenir
d'un événement mémorable, soit pour éterniser le
nom de leurs héros, soit enfin pour consacrer les
fables de leur religion. Les astronomes modernes
leur ont continué les mêmes noms et les mêmes formes, pour éviter la confusion où l'on tomberait en

leur en donnant de nouveaux, lorsqu'il s'agirait de
comparer les observations modernes avec les ancien-
nes. Je vous ferai connaître dans un autre temps ces
vieilles constellations et celles qu'on leur a ajoutées
de nos jours. Elles ne feraient maintenant que sur-
charger votre mémoire et y jeter de l'embarras.

Quelques-unes des principales étoiles ont des noms
particuliers, comme Sirius, Arcturus, Aldébaran.
etc. Il y en a aussi d'autres qu'on n'a pas fait entrer
dans les constellations, et qu'on appelle étoiles in-
formes.

Outre les étoiles qu'on aperçoit à la simple vue, il
y a un espace très remarquable dans les cieux, connu
sous le nom de voie lactée. C'est cette large bande
d'une couleur blanchâtre qui paraît se dérouler autour du firmament comme une ceinture : elle est
formée d'un nombre infini de petites étoiles trop
éloignées de nous pour être vues séparément, mais
dont la lumière réunie fait distinguer cette partie des
cieux qu'elles traversent.

Les places des étoiles fixes, leur situation relative
et leur nombre, ont occupé de tout temps les observateurs qui ont dressé des catalogues. Le premier,
qui date de cent vingt ans avant Jésus-Christ, est de
mille vingt-deux étoiles. Ce catalogue a été souvent
augmenté et rectifié par d'habiles astronomes, qui
ont porté le nombre des étoiles au-delà de trois mille.
en y comprenant celles que le télescope, ignoré des

anciens, nous a fait connaître, et que l'on désigne sous le nom d'étoiles de septième grandeur.

Les observateurs les plus attentifs peuvent à peine compter quatorze cents étoiles visibles à l'œil. Cependant on serait tenté, dans une belle nuit, de les croire innombrables au premier aspect. C'est une illusion de notre vue qui naît de leur vive scintillation, et de ce que nous les regardons confusément, sans les réduire en aucun ordre. Lorsqu'on les parcourt d'un regard, l'impression des unes subsiste encore au moment où l'on va chercher les autres, et nous les répète. Un bon télescope rectifie les erreurs de notre vue. C'est alors que le spectacle des astres devient plus riche et plus vrai. On les voit, dans une multitude infinie, se répandre de tous côtés dans l'immense étendue des cieux. Telle étoile qu'on croyait simple et unique paraît double, et laisse observer entre les deux qui la composent sensiblement un intervalle que la distance ne permet pas à nos yeux de voir sans ce secours. On en a observé soixante-dix-huit dans la constellation des Pléiades, où la vue n'est pas capable d'en distinguer plus de six ou sept. Je n'ose vous dire quel nombre un observateur affirme en avoir vu dans celle d'Orion.

Les changements qui arrivent dans les corps célestes, quelque insensibles qu'ils soient pour nous à cause de la distance infinie qui nous en sépare, doivent causer dans leurs sphères des révolutions prodigieuses. Chaque siècle semble en amener de nou-

velles. Il est des étoiles dont la lumière, après s'ê-
tre affaiblie par degrés, s'éteint presque absolument
pour briller ensuite d'un plus vif éclat; d'autres qui
s'évanouissent pendant quelques mois, et reparaissent avec une augmentation ou diminution sensible
de grandeur. Un géomètre et un astronome célèbres
(messieurs d'Alembert et de Lalande) ont formé là-
dessus des conjectures très ingénieuses pour en ap-
puyer l'opinion générale des philosophes sur l'existence de quelques planètes autour de ces astres, et
attribuer ces changements à leur action. Je vous les
ferai connaître un jour, ainsi que l'opinion de M. de
Maupertuis à ce sujet.

On voit plus d'étoiles du côté du nord que du
midi; mais la partie méridionale a plus d'étoiles distinguées par leur grandeur et par leur éclat; ce qui
rétablit l'équilibre des cieux.

Vous avez peut-être observé vous-mêmes que les
étoiles paraissent moins grandes et moins nombreuses dans les nuits d'été que dans les nuits d'hiver;
c'est que pendant l'hiver le soleil étant enfoncé plus
avant dans l'horizon, l'éclat des étoiles est moins
affaibli par les reflets de sa lumière, et que l'air épuré
par la gelée intercepte moins les rayons, et laisse
parvenir jusqu'à notre œil ceux qui nous viennent des
astres les plus éloignés.

Les personnes qui pensent que tous ces corps res-
plendissants n'ont été créés que pour nous donner
une tremblante lueur, dérobée souvent à nos yeux

par les moindres nuages, doivent concevoir une idée
bien plus relevée de la sagesse divine; car nous rece-
vons plus de lumière de la lune seule que de toutes
les étoiles ensemble. Osons nous former une image
plus vaste de la divinité. Puisque les planètes sont su-
jettes aux mêmes lois du mouvement que notre terre,
et que quelques-unes non-seulement l'égalent, mais
la surpassent même de beaucoup en étendue, n'est-
il pas raisonnable de penser qu'elles sont toutes des
mondes habitables? D'un autre côté, puisque les
étoiles fixes ne le cèdent ni en grandeur ni en éclat à
notre soleil, n'est-il pas probable que chacune a un
système de terres planétaires qui tournent autour
d'elle, comme nous tournons autour de l'astre qui
nous donne le jour, et que leur seul éloignement dérobe à nos regards?

Mais n'allons pas d'abord porter si loin notre vue.
Laissons aux astronomes le soin de perfectionner
leurs instruments, et d'agrandir leurs recherches
pour trouver de nouveaux mondes dans les cieux :
renfermons-nous dans le nôtre, entre ces corps soumis comme nous à l'empire du soleil, et dont l'observation peut être d'une si grande utilité pour le
progrès de nos lumières, appliquées au globe même
que nous habitons. Les étoiles, à qui les hommes ont
dû le premier partage du temps pour les travaux de
l'agriculture, et qui ont été pendant tant de siècles
leurs guides fidèles dans leurs entreprises et leurs
voyages, indépendamment des secours multipliés

10..

qu'ils nous offrent encore aujourd'hui, mériteraient
d'intéresser vivement notre curiosité par la seule magnificence du spectacle qu'ils nous étalent. Leur
nombre, leur position et leur marche, leur destination et leur nature, deviendront aussi, à leur tour,
l'objet de nos considérations.

   Tels sont les objets dont nous vous entretiendrons
dans le *Système du monde*. Nous commencerons
d'abord par la terre, soit parce que sa connaissance
est la plus importante pour nous, soit parce qu'elle
peut nous conduire plus aisément à celle des autres
globes qui composent avec elle notre système. Nous
nous élèverons successivement vers toutes les parties
des cieux, pour en redescendre sur notre séjour toutes les fois que son intérêt se trouvera lié par quelque rapport avec leur étude. Ne serez-vous pas char-
més de connaître plus particulièrement ces corps
glorieux dont l'éclat avait si souvent frappé vos regards et charmé vaguement vos pensées, d'ajouter
de si hautes lumières à celles qu'une éducation distinguée vous donne pour élever votre esprit et vos
sentiments, et de vous préserver des idées absurdes
et superstitieuses où vous plongerait une stupide ignorance? Et quelle autre science serait plus digne de
vous occuper? Que sont les troubles et le choc passager des royaumes de la terre, en comparaison de cet
accord éternel et sublime qui règne entre les immenses états de la république céleste? Que sont les con-
quêtes de l'homme sur ce globe de boue, auprès de

celles qui l'ont fait entrer en société avec le soleil?
Qu'il est beau de voir l'homme atteindre de son génie jusqu'à ces corps reculés que le soleil atteint à
peine de sa lumière! Quelle nouveauté dans les objets pour captiver notre imagination! quelle grandeur
pour la remplir! et en même temps quelle simplicité
de lois dans ces vastes mouvements pour se mesurer
aux premiers efforts de notre intelligence!

LE

SYSTÈME DU MONDE

MIS A LA PORTÉE DE L'ADOLESCENCE.

LE

SYSTÈME DU MONDE.

Veuve depuis trois ans, madame de Croissy s'était
retirée à la campagne, dans une petite maison charmante, à quelque distance de Paris. Les regrets que
lui coûtait chaque jour la perte de son époux n'é-
taient adoucis que par les soins qu'elle donnait à
l'éducation de sa fille, le seul gage qu'il lui eût laissé
de sa tendresse. Elle avait été mariée fort jeune; et
son père, en calculant les trésors qui devaient suivre le don de sa main, avait imaginé que le faste
d'une immense fortune, avec quelques talents agréables, pouvait lui suffire pour paraître avec assez d'é-
clat dans le monde. Emporté toujours hors de lui-
même par le torrent des affaires, étourdi par le

tumulte de ses dissipations, il n'avait pas réfléchi
que, dans une vie moins agitée, sa fille aurait un
plus grand besoin des ressources attachées à la culture de l'esprit et du cœur, et que mieux il réussirait
pour elle dans le choix d'un époux, plus ces avantages lui deviendraient nécessaires pour gagner son
estime et conserver son attachement. Des considérations si simples se trouvaient au-dessus de sa portée :
de tous les soins paternels, les plus utiles étaient
ceux dont il s'était le moins occupé.

Elevée par l'hymen à la société d'un homme dis-
tingué par des sentimens délicats, une raison éclairée, des connaissances solides et des goûts aimables,
Madame de Croissy n'avait pas tardé longtemps à
sentir des regrets de cette négligence. En cherchant à
la réparer pour elle-même, elle résolut surtout de
l'éviter pour sa fille. Les amusements de la ville ne
l'avaient jamais entièrement détournée de ce projet.
La solitude où l'avait conduite la douleur de son
veuvage lui donnait alors tout le loisir de l'exécuter.
Elle avait déjà profité des premières années de l'enfance d'Emilie pour apprendre elle-même tout ce
qu'elle voulait lui faire apprendre un jour. Son ap-
plication, l'étendue de sa mémoire, la justesse et la
pénétration de son esprit, avaient si bien servi les
vues de sa tendresse, qu'elle était enfin parvenue à
posséder parfaitement l'histoire ancienne et moderne, la géographie universelle, les éléments de géométrie, avec quelques notions générales sur l'histoire

naturelle et sur la physique. Afin de se mettre en état
d'être le seul instituteur de sa fille , elle s'était formée d'abord toute seule, sans autre secours que les
bons livres élémentaires , dans ces divers genres de
connaissances. En cherchant ainsi pour elle-même
la méthode la plus agréable et la plus sûre , elle étu-
diait d'avance celle qui conviendrait le mieux au caractère d'esprit d'Émilie , dont la finesse et la vivacité annonçaient, dès ses premières années , les plus
heureuses dispositions. Elles ne s'étaient point dé-
menties dans la suite. Emilie, à peine âgée de treize
ans , commençait déjà , par sa reconnaissance et par
ses progrès , à récompenser sa mère des peines
qu'elle se donnait pour l'instruire. Leurs jours s'é-
coulaient dans les plaisirs les plus purs et dans les
jouissances mutuelles les plus délicieuses. Une société
choisie des environs, les visites qu'elles recevaient
quelquefois de leurs amis de la ville , étaient les
seules distractions qui les détournaient de leurs études ; la variété qu'elles savaient y répandre , la culture des fleurs et le ménage d'une volière , en étaient
les délassements.

Soit pour éloigner du cœur de sa fille tout sentiment de vanité, soit pour écarter de sa maison des
visites importunes , Madame de Croissy avait eu soin
de cacher sa richesse , et prenait pour prétexte de sa
retraite à la campagne la nécessité d'y rétablir ses
affaires par une rigoureuse économie. En s'épar-
gnant les détails fatigants et les vaines dépenses d'une

grande maison, elle avait plus de temps pour en
donner à ses travaux, et plus de moyens de satisfaire
à sa bienfaisance par les secours généreux qu'elle
répandait en secret autour d'elle. Le calme d'une vie
si douce; la joie de voir sa fille répondre à ses espérances; une santé forte, acquise par l'exercice,
la modération et la sobriété, avaient donné à son
caractère une sérénité inaltérable, et à son esprit un
enjouement qui faisaient trouver à la vive Emilie
l'intérêt le plus piquant dans sa société. La sensi-
bilité naissante de ce jeune cœur était toute concen-
trée sur sa maman et sur son père, dont madame de
Croissy avait soin d'entretenir la mémoire par des
regrets touchants et par l'éloge des vertus qu'il avait
possédées. Emilie élevée dans la candeur et la liberté
de l'innocence, n'ayant à cacher à sa tendre amie
aucun de ses mouvements, avait conservé cette fleur
précieuse de naïveté qui rend la raison si aimable.
Comme toutes ses réflexions s'étaient formées dans
le cours de ses entretiens avec sa mère, elles avaient
pris une tournure vive et animée, telle que la produit la chaleur de la conversation; et ses pensées se
développaient avec autant de clarté que de saillie,
d'agrément et de justesse.

L'ami de l'enfance de madame de Croissy était M.
de Gerseuil, son frère, qui vivait à Paris, occupé des
devoirs d'un poste honorable, et de l'étude des
sciences naturelles qu'il cultivait avec succès. Deux
filles, livrées encore aux premiers soins de leur

mère, et le jeune Cyprien, âgé de douze ans, composaient toute sa famille. Au milieu de la corruption de la capitale, sa maison était l'asile des mœurs. Son fils ne s'était jamais éloigné de sa présence. Né avec une imagination vive, un esprit ardent et courageux, de la franchise, de l'élévation et de la fermeté dans les sentiments, Cyprien avait une âme douce et tout à la fois susceptible des mouvements les plus impétueux. Il aimait déjà vivement la gloire et les grandes choses. Au récit d'un trait de bravoure ou de générosité, l'on voyait s'enfler sa poitrine, et la flamme étinceler dans ses regards. En concevant de hautes espérances de ce caractère, M. de Gerseuil ne se déguisait pas les inquiétudes qu'il pouvait lui causer. Cependant l'amitié tendre que son fils avait prise pour lui modérait ses craintes. Il s'était accoutumé de bonne heure à le gouverner avec des caresses. Une froideur aurait désolé son âme; un seul reproche eût fait son supplice.

Sur une invitation fort pressante qu'ils avaient reçue l'un et l'autre d'Emilie, pour se trouver à une fête qu'elle devait donner à sa maman la veille du jour de sa naissance, ils s'était rendus mystérieusement à la maison de madame de Croissy. La surprise de leur arrivée ajoutait à celle du bouquet. Emilie le parait de ses grâces, Cyprien l'animait de sa gaîté. Madame de Croissy versait des larmes de joie des attentions délicates de ces aimables enfants. Elle fut bien plus heureuse encore le lendemain, lorsque, dans une promenade écartée avec son frère, ils purent s'entretenir en liberté de leurs projets et de leurs espérances. Le dîner qui les réunit avec leur jeune famille fut une nouvelle scène de nouveaux plaisirs. Après une séparation assez longue, se retrouver ensemble dans un beau jour, dans une contrée charmante, avec des objets d'un si grand intérêt l'un pour l'autre! les tendresses du sang et de l'amitié, les émotions paternelles, les transports confondus de tous les sentiments les plus doux de la nature! vous n'auriez encore qu'une bien faible idée de leur félicité, si vous pensiez que ces traits fussent capables de vous la peindre.

PREMIER ENTRETIEN.

La fraîcheur de la soirée les ayant invités à sortir, ils allèrent se promener tous ensemble sur la terrasse. Le soleil était près de se coucher ; il touchait aux bords de l'horizon. Tout-à-coup madame de Croissy, s'interrompant dans son entretien, alla s'asseoir sur le bout d'un banc de pierre placé à l'ouverture de la grande allée du bosquet. M. de Gerseuil crut qu'il prenait quelque faiblesse à sa sœur, et s'empressa de la suivre, ému d'inquiétude, en la questionnant sur son état. Ce n'est rien, lui répondit-elle avec un sourire, mais sans détourner ses regards fixés vers le couchant : je vais satisfaire dans un moment votre surprise et votre curiosité : laissez d'abord disparaître le soleil.

M. de Gerseuil et les enfants se regardaient en si-

lence, et n'osaient l'interrompre. Bientôt le soleil
disparut. Madame de Croissy se levant alors d'un air
gai : Je suis contente, leur dit-elle ; tout marche
bien dans l'univers. Ces paroles, et la manière brus-
que dont je vous ai quittés tout à l'heure, doivent
vous étonner ; il faut vous en donner l'explication.
C'est aujourd'hui, comme vous le savez, mon jour
de naissance. Il me semble qu'en ce jour tout prend
un nouvel intérêt à mes yeux dans la nature. J'observe avec plus d'attention ce qui se passe autour de
moi. Je trouve partout des sujets de réflexion qui
m'occupent. Ce matin, en me promenant dans mon
verger, je cherchais à saisir les changements qui pou-
vaient s'être opérés dans mes arbres depuis l'année
dernière. Je voyais que les uns commençaient à
perdre de leur jeunesse, et les autres à en prendre
la taille et la vigueur. Les premiers me donnaient
une leçon affligeante ; mais les autres me consolaient.
Ils me présentaient, sous une riante image, la douceur de me voir rajeunir dans ma fille.

Emilie baisa la main de sa mère, et laissa échapper un soupir.

Voilà une remarque, dit M. de Gerseuil, qui me
plaît autant par son courage et sa philosophie, que
le sentiment qui lui est attaché me touche par sa tendresse. Mais quoi ! vos observations vont-elles jusqu'à
l'astre de la lumière ? Etiez-vous inquiète de savoir
s'il avait perdu de sa force ou de son éclat ?

MADAME DE CROISSY.

Non , mon frère; mes pensées ne s'étendent pas si loin. L'année dernière, le même jour qu'aujourd'hui, j'étais assise sur ce banc toute seule, et plongée dans une douce rêverie. Je voyais le soleil se coucher; j'observai que c'était derrière cet ormeau qu'il se dérobait à ma vue : ce souvenir m'est revenu tout-à-coup; j'ai voulu voir si cette année, à pareil jour, il se coucherait dans la même direction. Je n'aurais jamais cru la terre si réglée dans sa course.

M. DE GERSEUIL.

Surtout après avoir fait, depuis cette époque , un voyage de plus de deux cent dix millions de lieues.

MADAME DE CROISSY.

L'immensité de ce trajet redouble encore mon admiration de la trouver si fidèle.

M. DE GERSEUIL.

Elle pourrait vous faire un compliment aussi flatteur, puisqu'au même jour de l'année, et au même instant, elle vous trouve aussi dans la même place pour l'observer.

MADAME DE CROISSY.

Tenez , mon frère, croyez-moi, n'ayons pas l'or-

gueil de lui disputer de conduite. Si fière que soit la
raison de son fil et de son flambeau, une planète
aveugle ira toujours plus droit qu'elle.

ÉMILIE.

Oh bien, puisque cela est ainsi, mon oncle, voilà
les étoiles qui commencent à paraître : je suis charmée qu'elles puissent rendre un bon témoignage de
notre globe; car enfin, si nous sommes un peu étour-
dis, notre terre ne l'est pas; et peut-être que,
d'après son caractère, on nous croira des personnages
graves, pleins d'ordre et de régularité.

M. DE GERSEUIL.

C'est sur notre globe, ma chère Emilie, qu'il
faudrait commencer à établir de nous cette bonne
opinion, sans nous embarrasser de ce que peuvent en
penser les étoiles. Au reste, cette hypocrisie ne nous
servirait à rien. Les étoiles ne voient pas plus notre
terre qu'elle ne soupçonnent ses habitants.

CYPRIEN.

Quoi! tandis que nous avons peut-être cinq cents
lunettes en l'air pour les observer, elles ne daignent
pas même nous apercevoir?

MADAME DE CROISSY.

Fiez-vous maintenant aux poètes, qui s'ingèrent de porter jusqu'aux astres la gloire des femmes !

M. DE GERSEUIL.

Sans être plus crédule, pourquoi seriez-vous moins indulgente? Si jamais ce mensonge flatteur a pu les tromper, les a-t-il jamais offensées? Il porte avec lui sa grâce. Il naît du désir qu'on aurait de le réaliser.

CYPRIEN.

Il est pourtant bien fâcheux, mon papa, de se trouver ainsi inconnu dans l'univers.

M. DE GERSEUIL.

Console-toi, mon fils ; Mars et la lune nous voient assez complétement.

ÉMILIE.

Et voilà tous les témoins de notre existence?

M. DE GERSEUIL.

Mercure et Vénus, placés entre nous et le soleil, nous distinguent peut-être, s'ils ne sont pas éblouis par la grande lumière qui les environne ; mais Jupiter, Saturne et Herschell, je doute fort qu'ils aient la moindre connaissance de nos affaires.

CYPRIEN.

Et quand ils en seraient bien instruits ! ce n'est pas

à des planètes comme la nôtre que je suis jaloux de
me faire remarquer.

MADAME DE CROISSY.

Oui, je le vois, Cyprien est un de ces ambitieux
qui dédaignent les hommages de leurs égaux : il faut,
pour les satisfaire, que leur renommée s'étende jusqu'au prince et dans les cours étrangères.

CYPRIEN.

Il est vrai : je voudrais que notre globe allât faire
du bruit jusque dans les étoiles.

M. DE GERSEUIL.

Eh, mon pauvre ami! comment veux-tu qu'elles
nous aperçoivent, puisque cet orbe même de deux
cent dix millions de lieues que la terre parcourt
dans un an, quand elle le remplirait tout entier, en
s'enflant d'orgueil comme la grenouille de la Fable,
ne formerait encore qu'un point dans l'espace.

CYPRIEN.

O ciel ! est-il possible ?

M. DE GERSEUIL.

Il me sera fort aisé dans un moment de te le démontrer.

ÉMILIE.

Mais cependant, mon oncle, parvenus à cette grandeur dont vous venez de parler, nous serions bien plus grands que le soleil. Les étoiles voient le soleil ; ainsi, à plus forte raison, serions-nous vus des étoiles.

M. DE GERSEUIL.

Ecoute, Emilie ; vois-tu là-bas, à une bonne lieue, cette lampe qu'on vient d'allumer, à ce que je pense, dans la cour d'un château ?

ÉMILIE.

Oui, sans doute, mon oncle.

M. GERSEUIL.

Le château est bien plus grand que la lampe ; il est éclairé de sa lumière : pourrais-tu sans elle distinguer le château ?

ÉMILIE.

Oh, non, du tout.

M. DE GERSEUIL.

Tu vois donc qu'un corps lumineux par lui-même peut être aperçu à une grande distance, tandis qu'un corps beaucoup plus considérable, qui ne fait que nous réfléchir la lumière qu'il en reçoit, est invisible à nos yeux ?

ÉMILIE.

Il est vrai.

M. DE GERSEUIL.

Maintenant réduis la terre à sa véritable proportion
avec le soleil. Au lieu d'être grosse pour lui comme
le château l'est pour la lampe, elle ne sera plus, en
comparaison, que ce que pourrait être la tête d'une
épingle auprès d'une torche allumée. Tu peux juger
sur cette mesure de la figure brillante que nous faisons dans l'univers.

ÉMILIE.

Ah, mon cher Cyprien! nous voilà bien revenus de
nos prétentions sur les respects des étoiles.

MADAME DE CROISSY.

Il me semble voir un de ces importants de la capitale, plein de l'idée que tout le royaume a les yeux
tournés sur lui, et à qui l'on viendrait dire qu'à la
vérité on le connaît assez à Montrouge; que l'on a
même entendu par hasard prononcer son nom à
Longjumeau, mais que très certainement sa renommée ne s'est pas étendue jusqu'à Arpajon.

ÉMILIE.

En vérité, j'en serais si honteuse, à la place de
mon cousin, que je voudrais me cacher même de la
lune.

M. DE GERSEUIL.

Prends-y garde, Emilie; cette petite bouderie
pourrait nous coûter cher.

ÉMILIE.

Et comment, s'il vous plaît, mon oncle ?

M. DE GERSEUIL.

C'est que si nous allons nous cacher de la lune .
la lune, au même instant, va se cacher aussi de nous.

ÉMILIE.

Oh, j'aurais trop de regret à sa douce clarté.

MADAME DE CROISSY.

Je ne puis aussi vous déguiser mon faible pour elle.
Il semble, à son air de modestie et de pudeur, qu'elle
soit formée pour être le soleil des femmes.

M. DE GERSEUIL.

L'idée est assez heureuse. Combien de jolis caprices
les variétés de ses phases et les inégalités de sa marche
pourraient expliquer ! Vous voyez par là, mes amis,
que nous n'avons rien à perdre, et que la terre n'est
que trop heureuse de recevoir la lumière des astres
qui l'entourent, sans aspirer vainement à s'en faire
distinguer par sa splendeur.

CYPRIEN.

C'est bien dommage que nous ne soyons pas un
peu plus lumineux ; car avouez, mon papa, qu'on ne
saurait être placé plus avantageusement pour briller.

M. DE GERSEUIL.

Et sur quoi juges-tu ce poste si favorable ?

CYPRIEN.

C'est tout simple. Il n'y a qu'à regarder la voûte céleste : on voit bien qu'elle s'arrondit au-dessus de la terre, que les étoiles y sont semées à égales distances de nous, et que nous occupons le milieu de l'univers.

M. DE GERSEUIL.

Mon fils, as-tu bien présent à la mémoire le joli paysage que tu me faisais remarquer d'ici même dans la matinée ? cette colline, cette forêt, ce vieux château demi-démantelé, cette tour qui semble monter jusqu'aux nues?

CYPRIEN.

Oui, mon papa, ce beau noyer aussi, sous lequel nous passâmes hier au soir, et dont les noix me donnaient tant d'appétit. Je n'ai pas été fâché de le revoir, quoique ce fût d'un peu loin ; car il me semblait d'ici justement tout au bout de l'horizon.

M. DE GERSEUIL.

Cela n'est pas exact. Tu devais voir bien plus en arrière ce grand château gothique qui tombe en ruines. Tu sais qu'il est beaucoup par delà. En le quittant, n'avons-nous pas couru un quart d'heure en poste, avant que de parvenir au noyer ?

CYPRIEN.

Il est vrai; mais ce n'est pas ma faute. On ne peut
pas juger bien nettement les distances dans un si
grand éloignement. On croirait d'ici, je vous assure,
que l'arbre se trouve dans le même contour que la
colline, la forêt, le château et la tour, avec notre
terrasse au beau milieu du demi-cercle. Je l'ai bien
observé.

M. DE GERSEUIL.

Que me dis-tu? Ma sœur, combien comptez-vous
d'ici à la tour?

MADAME DE CROISSY.

Près de trois lieues, mon frère.

M. DE GERSEUIL.

Et à la colline?

MADAME DE CROISSY.

Deux bonnes lieues.

M. DE GERSEUIL.

Et à la forêt?

ÉMILIE.

Une demi-lieue seulement. J'y vais fort bien à
pied.

M. DE GERSEUIL.

Et moi, j'estime, par le temps de ma route, que

le château doit être à trois quarts lieue, et le noyer à un quart de lieue et demi tout au plus. Mais quoi ! ces objets, les uns si reculés, les autres si avancés, se trouvent dans le même contour ! tous ces espaces si inégaux de terrain forment un horizon bien arrondi ! notre terrasse est située exactement au milieu de tout cela ! Cyprien, est-ce qu'il n'en serait pas de même par rapport à la courbure si régulière de cette voûte céleste ? à ces étoiles qui semblent attachées à la même surface ? et à nous enfin, qui nous croyons au centre sous ce beau pavillon ?

CYPRIEN.

Mon papa, je n'ai rien à répondre. Si ma vue me trompe à une petite distance, elle doit bien plus m'égarer à un si grand éloignement. Mais que nous ne soyons pas au milieu juste sous les cieux, je n'en puis revenir. J'aurais parié qu'il n'y avait pas deux pouces de plus d'un côté que de l'autre.

M. DE GERSEUIL.

Voyons. Avant de nous mettre à table, nous sommes allés rendre une visite à M. le curé.

CYPRIEN.

Oh, c'est un bien honnête homme ! il m'a donné une poire superbe

M. DE GERSEUIL.

Voilà effectivement un trait qui ne laisse pas

douter de sa droiture. Mais ce n'est pas de son verger qu'il s'agit; c'est de son clocher. Tu te rappelles combien il nous a vanté la perspective qu'on a du haut de sa galerie ? Nous y sommes montés. Eh bien ?

CYPRIEN.

L'église est plus bas, et son clocher n'est pas plus haut que cette terrasse. Je l'ai vue de niveau.

M. DE GERSEUIL.

Quoi ! le point de vue n'est pas plus étendu que de l'endroit où nous sommes ?

CYPRIEN.

Non, je vous le proteste, mon papa; c'est exactement la même chose. J'ai bien reconnu les mêmes objets, à la même distance et tout au bout de l'horizon, comme ici.

M. DE GERSEUIL.

Est-ce que le clocher faisait bien le centre de ce contour ?

CYPRIEN.

Oui, mon papa.

M. DE GERSEUIL.

Tu n'en étais donc pas au centre ici? Un cercle n'a pas deux centres.

11..

CYPRIEN.

C'est que nous ne sommes pas loin de l'église.

M. DE GERSEUIL.

Il y a pourtant deux cents pas.

CYPRIEN.

Mais ce n'est rien par rapport au grand éloignement où étaient les objets que nous regardions.

M. DE GERSEUIL.

En sorte que, lorsque de deux points différents on croit voir des objets fort éloignés toujours à la même distance, l'intervalle qui sépare ces deux points doit être estimé fort peu de chose. C'est comme si ces deux points n'en faisaient qu'un, n'est-ce pas, mon ami?

CYPRIEN.

Tout juste, mon papa; vous avez clairement saisi ma raison, et je suis fort content de votre intelligence.

M. DE GERSEUIL.

Voilà qui m'encourage. En ce cas, allons un peu plus loin. Tu sais, aussi bien qu'Emilie, que la terre parcourt une orbite autour du soleil : je vais la tracer ici sur le sable. Voyez-vous? c'est un ovale qu'on nomme ellipse, ainsi qu'on vous l'a dit. Bon, la voilà.

On peut encore la voir assez bien à la clarté de la lune qui se lève. Je vais mettre mon chapeau dans l'orbite, pour y représenter le soleil.

CYPRIEN.

Un beau soleil vraiment, qui est tout noir ! attendez, attendez. *(Il se met à courir vers la maison de toutes ses jambes.)*

M. DE GERSEUIL.

Où vas-tu, Cyprien ?

CYPRIEN, *de loin, sans s'arrêter.*

Je viens à l'instant.

ÉMILIE.

Que veut donc cet étourdi ?

M. DE GERSEUIL.

Attendons, crois-moi, son retour, pour voir s'il mérite d'être blâmé.

CYPRIEN, *revenant au bout de deux minutes, avec un domestique qui porte un tison.*

Vous ai-je fait languir ? Champagne, mettez, je vous prie, ce tison à la place du chapeau. Voilà un soleil qui vaut mieux que le vôtre, je pense, mon papa. Vous vous seriez enrhumé à le regarder : couvrez-vous, à cause du serein.

M. DE GERSEUIL.

Je te remercie, mon fils, de ton aimable attention. Ce tison pourra nous servir encore à autre chose. Attendez là, Champagne. Allons, mes enfants, voulez-vous entreprendre un voyage autour du soleil, pour bien reconnaître votre orbite? (*Emilie et Cyprien font le tour.*) A merveille. Champagne, reprenez maintenant ce tison, et courez au bout de l'allée. Vous nous le présenterez de là.

CHAMPAGNE, *en allant.*

Oui, monsieur.

ÉMILIE.

Que voulez-vous donc faire, mon oncle?

M. DE GERSEUIL.

Tu vas voir. Champagne est-il à son poste?

CYPRIEN.

Tenez, le voilà qui nous présente déjà le tison. Oh, comme il est devenu petit !

M. DE GERSEUIL.

Je suis bien aise que tu l'aies remarqué. Approche; viens ici à ce bout de l'orbite.

CYPRIEN.

Oui ; mais l'on nous a emporté notre soleil.

M. DE GERSEUIL.

Il nous est inutile à présent. Suppose qu'il soit
couché. Il faut qu'il soit nuit pour voir les étoiles. Le
tison en sera une. Regarde-la bien d'abord pour t'assurer de sa grandeur et de sa distance.

CYPRIEN.

Je l'ai assez contemplée.

M. DE GERSEUIL.

Allons, commence à marcher à petits pas sur la
ligne circulaire tracée pour figurer l'orbite, en regardant toujours le tison qui fait étoile. Avance.
Vois-tu l'étoile plus grande, ou plus près de toi ?

CYPRIEN.

Non, mon papa; elle semble toujours la même,
et au même point.

M. DE GERSEUIL.

Va donc plus loin encore, jusqu'à l'endroit de
l'orbite opposé à celui d'où tu es parti. T'y voilà;
arrête. Eh bien, l'étoile?

CYPRIEN.

Elle n'a pas changé.

M. DE GERSEUIL.

Comment, elle ne te paraît pas plus grande, ni
plus près de toi ? Tu t'es cependant avancé vers elle.

CYPRIEN.

De beaucoup, vraiment ! Elle est à deux cents pieds peut-être, et je ne m'en suis approché que de la longueur du diamètre de cette orbite, qui n'est que d'environ six pieds.

M. DE GERSEUIL.

Ces six pieds ne sont donc presque rien par rapport à la distance du tison ? et sans doute ils seraient moins encore si nous reculions le tison d'une lieue, par exemple, jusqu'à ce qu'il ne parût que de la grosseur d'une étincelle.

CYPRIEN.

Toute l'orbite elle-même ne serait plus alors qu'un point insensible. Faisons les choses plus en grand, mon papa.

M. DE GERSEUIL.

Il faut te satisfaire. Je vais te donner un diamètre de soixante-six millions de lieues, celui de la véritable orbite de la terre ; et au lieu du tison qui faisait étoile postiche, je vais te donner une étoile réelle.

ÉMILIE.

A la bonne heure.

CYPRIEN.

C'est parler, cela. Voyons, voyons !

M. DE GERSEUIL.

Doucement, recueillons-nous un peu. Je me souviens de t'avoir dit, quand j'ai si *clairement saisi ta raison*, que lorsque de deux points différents on croit voir des objets éloignés garder toujours la même distance, l'intervalle qui sépare ces deux points doit être estimé fort peu de chose, et que c'est comme si ces deux points n'en faisaient qu'un.

CYPRIEN.

Oui, le voilà mot pour mot.

M. DE GERSEUIL.

N'oublie pas, de ton côté, ce que tu viens de dire toi-même, que notre petite orbite ici sur le sable ne serait plus qu'un point insensible par rapport à la distance où devrait être le tison, pour n'être vu que de la grosseur d'une étincelle.

CYPRIEN.

Je m'en souviens, et ne m'en dédis pas.

M. DE GERSEUIL.

Il est bien reconnu que le diamètre de l'orbite de la terre est de soixante-six millions de lieues. La terre, à un bout de ce diamètre, voit donc en face une étoile de soixante-six millions de lieues plus près qu'à l'autre bout.

CYPRIEN.

C'est clair.

M. DE GERSEUIL.

Eh bien, si de deux points si différents, et malgré son approchement énorme dans l'un d'eux, la terre voit toujours cette étoile garder la même distance ; si, malgré la grosseur énorme de cette étoile, que je vous prouverai bientôt, elle ne l'aperçoit jamais plus grande qu'un point étincelant, les deux bouts du diamètre de son orbite, malgré l'intervalle qui les sépare, seront donc censés se confondre en un point ; toute l'immense orbite elle-même ne sera donc plus que ce point devenu insensible par rapport à la distance infinie que l'étoile gardera toujours pour elle ?

ÉMILIE.

Qu'as-tu à répliquer, mon pauvre Cyprien ?

M. DE GERSEUIL.

Mais si cette immense orbite n'est qu'un point insensible par rapport à la distance de l'étoile, que sera donc par rapport à cette même distance le globe de la terre, qui n'est lui-même qu'un point dans l'immensité de son orbite ? Cette planète orgueilleuse croira-t-elle alors que la voûte céleste n'est faite que pour se courber au-dessus d'elle en pavillon ? que les astres y sont semés à égales distances pour lui former un superbe tableau, et qu'elle est digne d'occuper le centre de l'univers, où elle n'est seulement pas aperçue ?

CYPRIEN.

Il faut prendre son parti ; mais je me sens terrible-ment humilié de notre petitesse.

MADAME DE CROISSY.

Pour moi, ce qui m'humilie bien davantage, c'est que tous les philosophes célèbres de l'antiquité se soient obstinés à placer notre misérable planète au centre de l'univers. Je vois que dans les plus beaux siècles de sagesse, les hommes n'étaient encore pétris que d'orgueil et de folie.

M. DE GERSEUIL.

Pythagore avait rapporté de l'Inde et de l'Egypte des idées plus saines. Il les renferma, de son vivant, dans l'enceinte de l'école qu'il avait fondée en Italie. Ses disciples les portèrent dans la Grèce après sa mort. Le soleil, établi par ce grand homme au centre de notre monde, voyait les planètes circuler autour de lui dans cet ordre : Mercure, Vénus, la Terre avec sa lune, Mars, Jupiter et Saturne. Il s'était mépris à la vérité sur leurs distances et leurs grandeurs ; mais la géométrie de son siècle n'était pas assez avancée, ni les instruments assez perfectionnés.

MADAME DE CROISSY.

A la bonne heure. Voilà toujours un sage. Et son système fut-il suivi?

M. DE GERSEUIL.

Comment aurait-il pu réussir chez des peuples à qui leurs beaux esprits avaient enseigné, les uns, que la terre était plate comme une table, et les cieux une demi-voûte d'une matière dure et solide comme elle ; les autres, que le soleil était une masse de feu un peu plus grande que le Péloponèse ; que les comètes étaient formées par l'assemblage fortuit de plusieurs étoiles errantes ; que les étoiles n'étaient que des rochers ou des montagnes, enlevées de dessus la terre par la révolution de l'éther qui les avaient enflammés ; d'autres enfin, que les étoiles s'allumaient le soir pour s'éteindre le matin, tandis que le soleil, qui n'était qu'un nuage de feu, s'allumait le matin pour s'éteindre le soir, et qu'il y avait plusieurs soleils et plusieurs lunes pour illuminer nos différents climats? Or, si l'astre du jour, d'après tous ces préjugés, était plus petit que la terre, fallait-il se déplacer du centre du monde pour le lui céder?

MADAME DE CROISSY.

Le peuple méritait bien son nom ; mais la philosophie n'était guère digne du sien.

M. DE GERSEUIL.

Ptolémée, trouvant toutes ces opinions accréditées au temps où il vécut, et se fondant sur le témoignage trompeur de nos sens , n'eut pas beaucoup de peine à se persuader à lui et aux autres que les idées de Pythagore n'étaient que des rêveries; que la terre était le centre de tous les mouvements, soit des planètes et du soleil rangé dans leur classe, soit des étoiles et des cieux qu'il souffla. Ce système se soutint pendant plus de quatorze siècles , en se chargeant de jour en jour de quelques absurdités nouvelles , que ses partisans imaginaient pour se défendre des objections les plus embarrassantes.

MADAME DE CROISSY.

Mais voilà, je pense , assez de siècles pour se rapprocher beaucoup du nôtre ?

M. DE GERSEUIL.

Aussi n'y a-t-il que deux cent quarante ans que nous devons à Copernic d'être revenus de l'erreur ; encore a-t-elle régné pendant quelques années sous une autre forme depuis cette époque.

MADAME DE CROISSY.

Voyons, mon frère, je vous prie ; je ne voudrais pas laisser échapper une seule de nos inconséquences ?

M. DE GERSEUIL.

Quoique Copernic, en rétablissant le système de Pythagore que je vous ai tout à l'heure exposé, l'eût fait servir à expliquer des difficultés insurmontables dans celui qu'il renversait, Tycho-Brahé, le plus grand observateur de son siècle, ne s'en obstina pas moins à conserver à la terre la gloire de la domination.

MADAME DE CROISSY.

Ce n'étaient donc que les principes de Ptolémée de nouveau rappelés?

M. DE GERSEUIL.

Il y avait une différence. Il ne faisait plus tourner toutes les planètes autour de la terre; la lune seule lui restait. Le soleil, prenant les autres à sa suite, tournait autour d'elle dans une année, et se joignait au cortége des étoiles, pour lui rendre, en vingt-quatre heures, les mêmes honneurs.

MADAME DE CROISSY.

Je ne vois pas ce que l'on gagne à ce changement; il me paraît toujours ridicule que tant de corps énormes soient réduits à courir si vite autour de nous, qui sommes si petits.

M. DE GERSEUIL.

Vous avez fort bien saisi le vice de ce système. Ce-

pendant, comme il est fort ingénieux dans tout le
reste, et qu'il était fortifié par le grand nom de celui
qui l'avait établi, peut-être aurait-il gardé toujours
l'avantage, si Galilée, aidé du télescope, n'eût con-
firmé l'ordre réel découvert par Pythagore et par Copernic dans le plan de l'univers; si Képler, par sa
pénétration, n'en eût soupçonné les lois, et si Newton, qui s'éleva il y a près d'un siècle en Angleterre.
ne les eût démontrées avec toute la force de son génie
et de la vérité.

MADAME DE CROISSY.

Gràce au ciel, voilà le soleil bien affermi dans son
repos, au milieu de notre monde! Je puis donc
maintenant en sûreté de conscience établir ma ré-
forme.

M. DE GERSEUIL.

Comment, ma sœur, est-ce que vous auriez aussi
quelque nouveau système à proposer?

MADAME DE CROISSY.

Non, mon frère, je suis très satisfaite de votre ar-
rangement; je le trouve conforme à la sagesse de la
nature. Je n'en veux qu'à ce blond Phébus, qui a si
vilainement trompé les pauvres humains.

M. DE GERSEUIL.

Et d'où vous vient contre lui cette belle fureur?

MADAME DE CROISSY.

Comment ! depuis trois mille ans il nous aura laissé nourrir ses coursiers d'ambroisie, et cela pour les tenir à piaffer dans la cour de son palais !

CYPRIEN.

Oui, ma tante, puisqu'il ne sert pas à conduire le char de la lumière, cassons aux gages ce cocher paresseux, et supprimons-lui son attelage.

ÉMILIE.

Je ne lui donnerais pas même le chariot et les quatre bœufs de nos rois fainéants.

MADAME DE CROISSY.

Mais en ôtant son nom au soleil, quel autre lui donnerons-nous ?

M DE GERSEUIL.

Il en est un plus digne de lui, le plus grand qu'on ait porté dans tous les mondes. Les conquérants ont nommé les empires de la terre : les astronomes se sont partagé notre satellite (1) : le philosophe anglais demande un astre à lui seul. J'appellerais le soleil tout entier NEWTON.

---

(1) Riccioli, astronome italien, a donné aux principales taches de la lune des noms d'astronomes et de savants, tels que Platon, Aristote, Archimède, Pline, Copernic, Tycho, Képler, Galilée, etc.

CYPRIEN.

O mon papa ! quand pourrai-je connaître ce grand homme (1) ?

MADAME DE CROISSY.

Vous me ravissez par cet enthousiasme pour sa gloire.

M. DE GERSEUIL.

Que je voudrais pouvoir vous peindre celui qu'il me fit éprouver l'année dernière, en contemplant sa statue à Cambridge ! Roubillac, sculpteur français, l'a représenté debout, dans une attitude sublime, fixant le soleil, et lui montrant d'une main le prisme

---

(1) C'est dans le second volume de *l'Histoire de l'Astronomie moderne* que mes jeunes amis pourront un jour admirer le tableau des sublimes découvertes de Newton. Je croirais mériter leur reconnaissance si je les mettais en état de lire avec fruit un des plus beaux livres de ce siècle, qui semble écrit à la clarté pure et brillante des astres par le génie dépositaire des secrets des cieux.

Avec quelle joie je me plais à rendre cet hommage à M. Bailly, pour le ravissement continuel où me tient, depuis quinze jours, une nouvelle lecture de son ouvrage! Après nos amis, dont la présence ou le souvenir remplit si délicieusement notre cœur, nos plus grands bienfaiteurs sur la terre sont ceux qui élèvent notre esprit à de hautes connaissances, qui l'occupent par des tableaux instructifs, ou qui le délassent par des amusements agréables. La reconnaissance dont ils nous pénètrent est le devoir le plus doux à remplir. Que j'aimerais à me trouver devant ces illustres écrivains du siècle de Louis XIV, les premiers maîtres de

qu'il tient de l'autre pour décomposer ses rayons. Je
ne pouvais en détacher mes regards. En m'élevant de la
pensée à la vaste hauteur où il a porté les connaissances humaines, il me semblait entendre la nature lui
dire en le formant : Depuis le nombre de siècles que
l'homme étudie mes lois, il les a toujours méconnues.
Il est temps de les lui révéler. C'est toi que j'ai fait
naître pour les publier sur la terre. Va renouveler
l'astronomie, agrandir la géométrie, et fonder la
physique. Je te donne ces sciences avec mon génie.
Tu diras quelle est l'étendue de l'univers et la simplicité de l'ordre qui le gouverne. Tu pèseras la masse
des corps immenses que j'y ai répandus, tu prescriras
leur forme, tu détermineras leur volume, tu mesure-
ras leur distance, tu soumettras à des calculs précis

sa jeunesse, pour leur exprimer les divers sentiments qu'ils
m'ont inspirés! J'irais m'incliner avec respect devant Bossuet,
qui, dans la rapidité de son *Discours sur l'Histoire universelle*,
semble pousser et renverser devant lui les empires, pour s'avancer sur leurs ruines, en les effaçant sous ses pas; devant Corneille, dont le génie sait nous frapper encore sur la scène de la
terreur du nom romain, comme autrefois César, en nous donnant
des fers; devant Racine, qui devina les secrets de mon cœur avant
ma naissance ; devant Molière, que l'antiquité fabuleuse aurait pu
croire envoyé par Jupiter sur la terre pour y juger les faiblesses
des humains, comme Pluton avait établi Rhadamante dans les en-
fers pour y juger leurs crimes. J'irais baiser tendrement la main
de Fénelon, l'amant de la Divinité et l'ami de l'homme; puis je
courrais me jeter au cou de La Fontaine, qui serait le plus naïf,
le plus spirituel, le plus aimable des enfants, s'il n'était l'un des
plus grands poètes et le plus vrai des philosophes.

les inégalités mêmes de leurs mouvements. Au milieu d'eux tu établiras le soleil, tu diras par quelle puissance il les maîtrise, et comment il leur distribue la lumière et la vie. Pour ta récompense, je te placerai toi-même comme un nouvel astre au milieu de tous les grands hommes qui doivent te suivre. En donnant une impulsion rapide à leur génie, tu les forceras de tendre sans cesse vers le tien ; et ils circuleront avec respect autour de toi pour recevoir la lumière. Quant à ceux qui voudraient s'en écarter, semblables à ces comètes rebelles qui, croyant se dérober à l'empire du soleil, vont se perdre pour des siècles dans la profondeur ténébreuse de l'espace, mais qu'il ramène toujours constamment au pied de son trône, du fond de leurs erreurs ils seront forcés de revenir à toi ; et on ne les verra briller d'une lueur passagère dans quelques points de leur course qu'en se plongeant, à ton approche, dans la splendeur de tes rayons.

En ce moment, on vint annoncer à madame de Croissy qu'elle était servie. Émilie et Cyprien auraient bien voulu qu'on eût retardé l'heure du repas, afin d'entendre plus longtemps M. de Gerseuil. Pour se délivrer de leurs instances, il fut obligé de leur promettre qu'on viendrait encore en sortant de table faire un petit tour de promenade, et qu'ils seraient de la partie.

DEUXIÈME ENTRETIEN.

La conversation fut très enjouée pendant le souper entre M. de Gerseuil et sa sœur. Ils étaient transportés de joie de l'intelligence qu'avaient montrée
leurs enfants, et de l'ardeur qu'ils témoignaient pour
s'instruire. D'un coup d'œil, à la dérobée, ils se faisaient remarquer l'un à l'autre l'air d'empressement dont Emilie et Cyprien dévoraient les morceaux en silence, afin de hâter le moment d'aller reprendre sur la terrasse l'entretien qu'on leur avait
promis. Nos petits philosophes venaient déjà d'expé-
dier leur dessert. On voyait l'un tordre sa serviette,
l'autre s'agiter d'impatience sur son siége. Peut-être
madame de Croissy, amusée d'une scène aussi diver-
tissante, prenait-elle plaisir à la prolonger. Quoiqu'il
en soit, Emilie, pour ne pas perdre de temps, eut la

malice de revenir sur le dépit ambitieux qu'avait eu
son cousin de ne jouer qu'un personnage invisible à
la face des astres. Cyprien se prêta de fort bonne
grâce à la plaisanterie, jusqu'à ce qu'il vit ses parents, qu'il guettait, achever enfin leur repas. Alors,
se tournant tout-à-coup vers Emilie : Ma petite cousine, lui dit-il d'un ton assez haut pour s'attirer l'attention générale, je lisais l'autre jour une histoire
que mon papa connaît sans doute, ainsi que ta maman, mais que sans doute aussi tu ignores. Je vais te
la conter. Mahomet, voulant donner à son armée une
preuve du pouvoir qu'il exerçait sur la nature, lui
proposa d'opérer en sa présence un superbe miracle.
Ce n'était rien moins que de faire accourir de loin
une très haute montagne jusqu'à ses pieds. Il assem-
ble un beau matin tous ses soldats, qui déjà criaient
au prodige sur leur grand prophète ; il se met au
premier rang, et commande à la montagne d'avancer. La montagne fait la sourde oreille à ses premiers
ordres. Mahomet s'en étonne ; il l'appelle une seconde
fois d'une voix terrible. La montagne, comme tu peux
le croire, ne s'en ébranle pas davantage à cette nouvelle apostrophe. Qu'est ceci ? s'écria l'imposteur d'un
air inspiré. La montagne ne veut pas marcher vers
nous ! eh bien, mes amis, suivez-moi, marchons
vers la montagne. — Je n'ai pas plus de rancune que
Mahomet. Les étoiles ne nous voient pas ! eh bien,
ma cousine, allons voir les étoiles.

Il se leva brusquement de table en disant ces mots,

et se précipita vers la porte, laissant Emilie toute
déconcertée de cette incartade. M. de Gerseuil et
madame de Croissy sourirent de sa finesse, et le sui-
virent dans le jardin.

La nuit était alors de la plus belle sérénité. Aucun
nuage ne dérobait la vue des cieux. La lune, qui n'a-
vait fait que paraître un moment sur l'horizon, laissait, par sa retraite, les étoiles qu'elle avait obscur-
cies étinceler de tous leurs feux rayonnants. Les enfants avaient cent fois admiré la magnificence de ce
spectacle ; mais au moment de voir satisfaire la curiosité qu'il leur avait toujours inspirée, ils le contem-
plaient avec une nouvelle extase. L'étoile resplendis-
sante de Sirius fut la première qui frappa les yeux de
Cyprien. Il voulut savoir son nom ; et quand il l'eut
appris : Mon papa, s'écria-t-il, vive Sirius ! voilà
une étoile que j'aime ; elle est bien plus grande que
les autres.

ÉMILIE.

Je l'aime aussi d'être la plus brillante.

M. DE GERSEUIL.

Peut-être, mes amis, n'a-t-elle pas en elle-même
plus de grandeur ni d'éclat ; mais c'est qu'apparemment elle est plus près de la terre. Rapprochée à la
distance du soleil, elle nous paraîtrait sans doute
aussi grande que lui. C'est encore beaucoup qu'elle
soit si sensible à nos regards, étant au moins deux
cent mille fois plus éloignée.

CYPRIEN.

Vous en parlez bien à votre aise, mon papa. Deux cent mille fois plus loin que le soleil! Et comment a-t-on pu s'en assurer?

M. DE GERSEUIL.

Je ne te cacherai pas que tous les efforts des astronomes pour mesurer la grosseur des étoiles, qui nous aurait donné une idée de leur distance, ont été inutiles; mais cette impossibilité même prouverait seule un éloignement prodigieux, puisqu'on a su mesurer avec assez de justesse la grosseur des planètes les plus éloignées, entre autres celle de la belle planète de Jupiter, que voici.

CYPRIEN.

Ah! c'est là Jupiter? Cependant, mon papa, Sirius paraît plus grand à la simple vue. Si l'on a pu mesurer la grosseur de Jupiter, pourquoi ne peut-on pas mesurer celle de Sirius?

M. DE GERSEUIL.

Avant que je te réponde, fais-moi le plaisir de regarder d'ici, par la fenêtre entr'ouverte, cette bougie qui brûle dans le salon. Ne vois-tu pas autour de sa flamme une lumière confuse qui la grossit?

CYPRIEN.

Il est vrai, mon papa.

ÉMILIE.

Oui, c'est comme le soleil, qui semble s'agrandir de toute sa couronne de rayons.

M. DE GERSEUIL.

Eh bien, mes amis, les étoiles étant lumineuses par elles-mêmes, comme le soleil et la bougie, elles ont aussi une irradiation qui nous les fait paraître beaucoup plus grosses qu'elles ne devraient le paraître réellement, au point qu'on estime que leur grandeur en est augmentée près de neuf cents fois.

CYPRIEN.

Ho! ho!

M. DE GERSEUIL.

Dites-moi maintenant. Lorsque la lune est dans son plein, et que par conséquent elle reluit avec le plus d'éclat, avez-vous pu remarquer une irradiation semblable autour d'elle?

ÉMILIE.

Non, jamais. Sa lueur est bien terminée dans toute la largeur de sa face.

CYPRIEN.

On peut le voir de même dans Jupiter.

M. DE GERSEUIL.

D'où vient donc cette différence?

CYPRIEN.

J'imagine que Jupiter et la lune ne faisant que nous réfléchir une lumière empruntée, cette lumière ne doit pas avoir l'agitation qui règne dans les corps brillant de leurs propres feux.

M. DE GERSEUIL.

C'est à merveille. Ainsi Jupiter n'exagère point son volume; et si petit que sa distance le fasse paraître, les astronomes auront des instruments d'une assez juste précision pour le mesurer; mais les étoiles avec cette irradiation trompeuse qui les environne?....

CYPRIEN.

Est-ce qu'on ne pourrait pas venir à bout de les en dépouiller, pour les voir dans leur exacte grandeur?

M. DE GERSEUIL.

Voilà précisément l'effet que produit le télescope, en réunissant et concentrant dans un point tous leurs rayons; mais alors ce point est si peu de chose! et plus le télescope est parfait, plus ce point, en devenant plus lumineux, devient aussi plus petit, jusque là qu'il ne laisse aucune prise à la mesure.

MADAME DE CROISSY.

Mais par quel moyen a-t-on pu au moins établir

une comparaison de distance entre le soleil et les étoiles?

M. DE GERSEUIL.

Ce moyen est très ingénieux. On connaît, par des règles sûres que je vous expliquerai dans la suite, la grandeur et la distance du soleil. On a calculé tour à tour de combien il faudrait le diminuer ou le reculer pour le faire décroître jusqu'à la petitesse de Sirius. C'est d'après ces calculs qu'on a été forcé d'en conclure l'éloignement prodigieux de cette étoile, qui est cependant la plus proche de nous. La plupart des astronomes jugent même cet éloignement beaucoup plus considérable, parce qu'il est douteux que le meilleur télescope puisse totalement dépouiller une étoile de sa lumière superflue, et nous la montrer seulement de la grandeur réelle qu'elle doit conserver pour nous à cette distance.

CYPRIEN.

Oh! puisque les étoiles sont si éloignées, je n'ai plus tant de peine à croire, comme notre ami nous l'a dit, qu'elles soient de véritables soleils. Si elles n'avaient qu'une lumière empruntée, comment les rayons parviendraient-ils jusqu'à nous avec tant d'éclat et de vivacité, après avoir traversé des espaces si immenses?

M. DE GERSEUIL.

Fort bien, mon fils; ta réflexion est très juste. On a

démontré qu'on pourrait diminuer plusieurs millions
de fois la lumière d'une étoile, en la reculant de nos
yeux, sans qu'elle cessât de retenir autant de clarté
qu'un papier blanc vu au clair de la lune.

CYPRIEN.

Celles qui nous paraissent si petites, c'est donc
qu'elles sont encore plus loin que Sirius?

M. DE GERSEUIL.

Peut-être y a-t-il un aussi grand intervalle entre
elles, dans la profondeur de l'espace, qu'entre Sirius
même et le soleil.

CYPRIEN, *avec surprise.*

Oh, mon papa!

ÉMILIE.

Elles semblent pourtant placées l'une à côté de
l'autre. Il en est même que l'on croirait doubles en les
regardant.

M. DE GERSEUIL.

Je puis vous répondre à tous les deux à la fois par
un seul exemple bien familier. Vous avez dû souvent
remarquer du pont-royal les lanternes placées le long
de la terrasse des Tuileries et du bord de la place de
Louis XV. Vous savez qu'elles sont également espa-
cées, et que leurs mèches sont égales?

12..

CYPRIEN.

Cela doit être.

M. DE GERSEUIL.

Eh bien, mon fils, n'as-tu pas observé que celles
de la terrasse des Tuileries, qui étaient les plus proches de toi, paraissaient avoir une lumière plus étendue et plus vive que celles de la place de Louis XV?

CYPRIEN.

Oui, je me le rappelle.

M. DE GERSEUIL.

Et toi, Emilie, n'aurais-tu pas jugé que celles de
la place de Louis XV étaient bien plus près l'une de
l'autre que celles de la terrasse des Tuileries?

ÉMILIE.

Sans doute; j'aurais pu les croire presque sous le
même verre.

M. DE GERSEUIL.

Ce n'est pas tout. Supposons qu'entre les deux
dernières vous en eussiez aperçu une semblable
qu'on aurait allumé à Chaillot, et qui se trouverait
par conséquent encore une fois plus loin. Vous vous
souvenez de ce que nous avons dit avant souper, que
les objets, dans un certain éloignement, nous parais-

sent à une égale distance de notre œil, quoiqu'ils soient beaucoup plus reculés les uns que les autres?

CYPRIEN.

Oh! nous ne l'avons pas oublié.

M. DE GERSEUIL.

Vous concevez donc, mes enfants, que la lanterne de Chaillot aurait dû vous paraître rangée dans la file de celles de la place de Louis XV, et que vous n'auriez pu la juger plus éloignée que par la petitesse de sa flamme et l'éclat affaibli de ses rayons.

ÉMILIE.

Vous avez raison, mon oncle; et cela cadre tout juste avec les grandes et les petites étoiles. Je conçois très bien à présent qu'elles peuvent être fort reculées l'une derrière l'autre, et cependant nous paraître sur la même ligne, mais les unes plus grandes et plus brillantes, les autres plus petites et d'une clarté moins vive. Comprends-tu cela, Cyprien?

CYPRIEN, *avec un air avantageux.*

Si je comprends, ma cousine? Oh! j'ai aussi une comparaison qui, sans vanité, vaut dix millions de fois mieux que celle de mon papa.

ÉMILIE.

Voilà qui est assez modeste.

CYPRIEN.

Sûrement, car elle peut servir pour tout notre globe ; au lieu que la sienne n'est bonne, tout au plus, que pour la banlieue de Paris. Aussi n'ai-je pas été la prendre sur la terre.

ÉMILIE.

Oui, oui, cela est trop bas pour un génie aussi élevé que le tien. Mais nous, pourrons-nous comprendre cette comparaison céleste ?

CYPRIEN.

Je vais tâcher de la mettre à ta portée. Ces étoiles que l'on voit autour de Jupiter, ne les croirait-on pas aussi près de nous que lui-même ? Si la lune paraissait à présent de ce côté, ne croirait-on pas Jupiter aussi près de nous que la lune ? et s'il y avait un nuage aux environs de la lune, ne la croirait-on pas aussi près de nous que le nuage ? Le nuage, la lune, Jupiter et les étoiles nous paraîtraient donc dans le même enfoncement les uns que les autres. Or sais-tu, ma cousine, qu'il y a une grande différence dans leur éloignement ?

ÉMILIE.

Oui, mon cousin, je le sais, et si bien, que je suis en état de t'apprendre que le plus gros nuage ne paraîtrait pas du tout à la distance de la lune, que la lune ne paraîtrait pas davantage à la distance de Jupiter, et que Jupiter paraîtrait encore moins être à la distance des étoiles.

M. DE GERSEUIL.

A merveille, mes amis. Voilà une petite guerre dont je suis fort content. Les dernières paroles d'Emilie nous ramènent heureusement à ce que nous disions tout à l'heure, que les étoiles doivent briller d'une lumière qui leur soit propre, et que cette lumière doit être bien vive pour parvenir jusqu'à nous d'une distance où Jupiter aurait cessé peut-être mille fois d'être visible à nos regards.

CYPRIEN.

Oh ! je le vois, il n'en faut plus douter, ce sont de véritables soleils.

M. DE GERSEUIL.

Je le crois aussi. Mais ces soleils, pensez-vous qu'ils soient faits pour la terre?

ÉMILIE.

De quel avantage lui seraient-ils ? Si l'on comptait sur eux pour mûrir nos raisins, on pourrait bien dire : Adieu paniers; mais c'est que vendanges ne seraient jamais faites.

CYPRIEN.

Il n'y a que leur faible lueur qui puisse nous servir.

Encore la lune, du fond d'un nuage, en donne-t-elle
cent fois plus.

M. DE GERSEUIL.

D'ailleurs vous savez qu'il est des étoiles que l'on ne
découvre qu'avec le télescope, et celles-là du moins
nous seraient inutiles à tous les égards. Ainsi donc,
si ces soleils étaient faits pour nous, ils auraient
sans doute été placés autour de la terre aussi près
que le nôtre.

CYPRIEN.

O mon papa! je vous remercie; nous en avons
bien assez d'un. Que vous a donc fait ma petite cousine, pour vouloir ainsi hâler son teint de lis? La
négresse du plus beau jais que l'on connaisse aujourd'hui ne serait plus qu'une blonde fade auprès
de ce que deviendrait alors ma pauvre Emilie.

ÉMILIE.

Et ces petits-maîtres, comme mon cousin, qui
tendent leur chapeau devant le soleil, au lieu de le
mettre tout bonnement sur leur tête, combien de
bras et de chapeaux il leur faudrait pour parer de
tous les côtés à la fois!

M. DE GERSEUIL.

Mais si tous ces soleils, à la distance où ils sont,
ne peuvent nous procurer ni chaleur ni lumière; si,

placés plus près de nous, il ne servaient, selon vos folles idées, qu'à noircir le teint des dames et à embarrasser la contenance des petits-maîtres, et, selon mes craintes un peu plus graves, à consumer la terre dans un moment; si, n'en déplaise encore à certains philosophes, ils ne sont pas faits uniquement pour réjouir nos regards, est-ce qu'ils seraient répandus pour rien, avec une profusion si magnifique, dans l'univers?

ÉMILIE.

C'est précisément ce qui m'intrigue.

CYPRIEN.

Voyons un peu à nous raviser. Puisque le soleil n'est fait que pour fournir de la lumière et de la chaleur aux planètes, si les étoiles sont des soleils, elles doivent avoir aussi des planètes à échauffer et à éclairer.

M. DE GERSEUIL.

Voilà ce que j'appelle de la philosopie.

CYPRIEN, *d'un ton badin.*

Vois-tu, ma cousine ?

ÉMILIE.

Mais, mon oncle, est-ce que nous donnerions des planètes à tous ces soleils?

M. DE GERSEUIL.

Si telle est la destination de chacun d'eux en particulier, tu sens que ce doit être l'emploi de tous en
général.

CYPRIEN.

Sans doute. Que ferions-nous de ceux qui ne
serviraient à rien? C'est comme si, dans les grands
froids, le gouvernement faisait allumer des feux dans
une place, avec défense d'en approcher.

M. DE GERSEUIL.

Ou bien des lanternes dans une rue fermée où il
ne passerait personne, et seulement pour donner
une perspective d'illumination aux gens des quartiers
voisins.

CYPRIEN.

Allons, mon papa, de l'ordre. Point de soleil sans
planètes; mais à condition toutefois qu'il n'y ait pas
de planètes sans soleil.

M. DE GERSEUIL.

Va, mon ami, si la sagesse du Créateur n'a pas
fait un seul soleil inutile....

ÉMILIE.

Oui, j'entends; sa bonté n'aura pas laissé une seule

planète malheureuse. Me voilà tranquille à présent.

CYPRIEN.

Je le suis aussi. Je vois que tout s'arrange à merveille. Notre soleil a des planètes qui roulent autour
de lui, tandis qu'elles font rouler leurs satellites autour
d'elles ; eh bien, si mon ami Sirius est un soleil, il
fait aussi rouler autour de lui ses planètes accompa-
gnées de leurs satellites ; et il n'y aura pas d'autre
soleil qui n'en fasse autant.

ÉMILIE.

Je me garderai bien de vous demander pourquoi
nous voyons les soleils sans apercevoir les planètes ;
je me souviens encore de la lampe et du château.

CYPRIEN.

Ta mémoire me sert fort à propos ; me voilà un
peu vengé. Si nous leur sommes invisibles, nous ne
leur ferons pas l'honneur de les voir. Fort bien ; ne
vous découvrez pas, je n'aurai pas de salut à vous
rendre.

M. DE GERSEUIL.

Je ne te croyais pas si pointilleux sur le cérémo-
nial.

ÉMILIE. *en s'inclinant.*

Oh bien, moi, je vais risquer une petite révé-
rence.

CYPRIEN.

Que fais-tu, ma cousine? C'est eux qui nous devraient la première, pour les avoir si bien accommodés.

M. DE GERSEUIL.

En effet, convenez que nous avons été bien avisés de nous assurer d'abord que ces soleils, qui nous semblent si près l'un de l'autre, sont néanmoins entre eux à des distances prodigieuses. Leurs mondes ont besoin d'être à l'aise. Vous sentez quel espace il faut pour les grands mouvements d'un système solaire.

CYPRIEN.

Il nous est aisé d'en juger par le nôtre.

M. DE GERSEUIL.

C'est le meilleur objet de comparaison. Mais as-tu bien saisi toute son étendue, et n'en es-tu pas épouvanté?

CYPRIEN.

Moi, mon papa? Oh que non! Depuis que vous m'avez parlé de la distance infinie des étoiles, je ne suis pas plus effrayé d'aller au bout de l'empire du soleil que l'intrépide Cook, après avoir fait le tour de la terre, ne l'aurait été de faire un voyage sur la galiote de Paris à Saint-Cloud.

M. DE GERSEUIL.

Je crains fort qu'Emilie n'ait pas une allure aussi
déterminée.

CYPRIEN.

Oh! ma petite cousine! elle tient trop à la terre
pour se hasarder si loin dans les cieux.

ÉMILIE.

Oui dà, mon cousin. N'ai-je pas lu comme toi que
la planète d'Herschell est à six cent cinquante millions
de lieues du soleil? Il est vrai que c'est la dernière.

CYPRIEN.

Bon, ma pauvre marcheuse; si tu plantes là ta co-
lonne, je puis te faire voir encore bien du pays.

ÉMILIE.

Et comment, s'il te plaît?

CYPRIEN.

Jupiter et Saturne n'ont-ils pas des satellites ou des
lunes qui les éclairent d'une lumière empruntée du
soleil, pour suppléer à la faible clarté qu'ils peuvent
recevoir de cet astre? Herschell en est beaucoup plus
éloigné. Il est donc vraisemblable qu'il a aussi des
satellites que nous ne connaissons pas encore, et en

plus grand nombre peut-être ; et lorsque le dernier
de ces satellites se trouve derrière sa planète , n'est-il
pas reculé à une plus grande profondeur dans l'espace? Me voilà pour le coup aux bornes de notre
monde.

M. DE GERSEUIL.

Hélas! mon cher ami, je crains de troubler ta
gloire, mais tu en es bien loin encore.

CYPRIEN.

Et que voyez-vous au-delà du poste où je me suis
avancé?

M. DE GERSEUIL.

D'autres planètes peut-être, qui nous sont inconnues. Mais ne parlons que de ce qui est découvert (1).

CYPRIEN.

Ah! voyons, voyons, je vous prie.

M. DE GERSEUIL.

As-tu donc oublié ces comètes, dont la révolution
autour du soleil est de plusieurs siècles?

---

(1) Dans ces dernières années, deux savants astronomes, nommés Razzi et Olbers, ont découvert deux planètes non observées
jusqu'à ce jour; et qui sait combien on parviendra à en découvrir
encore?

CYPRIEN.

Vraiment oui ; je n'y pensais plus.

M. DE GERSEUIL.

Je ne veux pas te citer celle de 1769, à qui l'on donne une période d'environ cinq cents ans ; encore moins celle de 1680, à qui l'on en suppose une de cinq cent soixante-quinze. Ne parlons que de celle qui fut observée pour la première fois en 1264, qui reparut en 1556, qu'on attend en 1848, et dont la période est par conséquent de deux cent quatre-vingt-douze années.

CYPRIEN.

C'est bien assez, je crois.

M. DE GERSEUIL.

Du point où elle se trouve le plus près du soleil à chacune de ces époques, faisons-la partir pour sa révolution de près de trois siècles, et partageons ce nombre en deux, moitié pour son éloignement, moitié pour son retour. Voilà donc près d'un siècle et demi que cette comète emploie à s'écarter du soleil.

CYPRIEN.

Oh, c'est clair ; puisque Herschell ne met que quatre-vingt-deux ans à faire sa révolution, la différence est grande.

M. DE GERSEUIL.

Plus que tu ne penses encore ; car le mouvement des comètes ne se fait pas, comme celui des planètes, dans une ellipse peu différente d'un cercle parfait, ce qui les tiendrait à une distance presque toujours égale du soleil. Il se fait dans une ellipse excessivement allongée, ce qui augmente à chaque instant leur éloignement, jusqu'à ce qu'elles atteignent le point de leur courbure, d'où le soleil les force de remonter vers lui par la branche opposée ; mais à ce point si reculé, où elles cèdent pourtant à la puissance que le soleil exerce toujours sur elles, elles doivent se trouver bien plus loin encore des soleils des mondes voisins ; car autrement le plus proche les forcerait d'entrer dans son empire. A cette distance à laquelle notre comète n'est parvenue qu'au bout de près d'un siècle et demi, il faut donc qu'elle laisse encore derrière elle un espace immense désert, pour servir de frontière entre le système dont elle dépend et celui qui l'avoisine de côté. Rapporte cette mesure à tous les autres mondes, et conçois, si tu l'oses, quelle doit être l'immensité de chacun d'eux.

MADAME DE CROISSY.

Mais, mon frère, est-ce que vous les croyez tous aussi grand que le nôtre ?

M. DE GERSEUIL.

Rappelez un peu votre philosophie, ma sœur. De

quel front l'homme prétendrait-il que l'empire de son
soleil fût le plus vaste, lorsqu'il n'en habite lui-même
qu'une des moindres provinces? La marche de son
orgueil est assez singulière. Tant qu'il a cru tous les
corps célestes faits pour lui seul, il a cherché de siècle en siècle à les agrandir : aujourd'hui que l'astronomie démontre qu'ils lui sont étrangers, il n'aspire
qu'à en resserrer l'étendue.

MADAME DE CROISSY.

Je ne puis rien opposer à votre raisonnement; mais
cette immensité me confond, et peut-être allez-vous
m'accabler encore. Combien comptez-vous d'étoiles ?

M. DE GERSEUIL.

Les observateurs les plus sûrs et les plus scrupu-
leux en ont compté plus de trois mille dans notre hémisphère, et dix mille dans l'hémisphère opposé.

MADAME DE CROISSY.

Grand Dieu! treize mille soleils, treize mille mondes dans l'univers !

M. DE GERSEUIL.

Et les étoiles que l'on entrevoit à peine avec le télescope! celles que cet instrument perfectionné nous
ferait encore découvrir! les milliers qui se trouvent
comprises dans ces petits nuages que vous voyez,

auxquelles on a donné le nom de Nébuleuses, et dans
ceux que l'on ne découvre qu'à l'aide des instruments! les millions qui sont renfermées dans la voie
lactée! Je conçois que l'imagination soit épouvantée
de ce calcul. A l'aspect d'une haute montagne,
l'homme ne peut se défendre d'un secret saisissement;
la pensée de l'étendue de la terre le fait frémir ; l'O-
céan et ses profondeurs le glacent d'effroi ; cependant
qu'est ce globe entier auprès de la masse brûlante
du soleil, quatorze cent mille fois plus grande? Et
l'étendue occupée par cet astre si volumineux, que
sera-t-elle en comparaison de l'espace où nagent les
corps soumis à son empire? Mais tandis qu'il fait circuler autour de lui ses planètes entourées de leurs satellites, s'il était emporté lui-même avec d'autres soleils, suivis, comme lui, de leur cortége, autour
d'un autre corps plus puissant qu'eux tous à la
fois?

MADAME DE CROISSY.

Quoi, mon frère, notre soleil, et ceux de tous ces
mondes, ne seraient aussi que des planètes errantes
à travers les cieux? Ne craignez-vous pas que votre
imagination ne soit la seule en mouvement de tous ces
voyages?

M. DE GERSEUIL.

Et que diriez-vous si cette conjecture proposée
par Halley, digne précurseur du grand Newton,

soutenue par M. Lambert, l'un des plus grands géomètres de ce siècle, était devenue l'opinion de ce que nous avons aujourd'hui d'astronomes les plus distingués, tels que MM. de Lalande et Bailly, et du sage, profond et religieux contemplateur de la nature, M. Bonnet de Genève?

MADAME DE CROISSY.

De si grands noms m'en imposent sans doute; mais sur quels fondements cette idée serait-elle établie?

M. DE GERSEUIL.

Le mouvement de rotation qu'on a reconnu dans le soleil suffirait seul pour la rendre vraisemblable. La nature a imprimé ce mouvement à tous les corps transportés dans une orbite autour d'un corps plus puissant qui les maîtrise. Elle l'a donné aux satellites, en les faisant circuler autour de leurs planètes; elle l'a donné aux planètes, en les faisant circuler autour du soleil; toujours simple, uniforme et constante dans ses grandes lois, l'aurait-elle donné au soleil pour rester immobile? Toutes les planètes tournent sur elles-mêmes dans le mouvement qui les emporte autour de lui, pour en recevoir successivement la chaleur dans toutes leurs parties; or, puisqu'il tourne aussi sur lui-même, ne serait-ce pas en marchant autour d'un autre corps supérieur?

MADAME DE CROISSY.

Ces conjectures me paraissent assez naturelles et

Beautes de la Nature.   13

assez importantes pour désirer qu'elles fussent appuyées sur quelque observation.

Eh bien, soyez satisfaite. Il est déjà trois des plus
grandes étoiles, Sirius, Arcturus et Aldébaran, dont
le mouvement dans l'espace est constaté. Il est très sûr
qu'Arcturus s'avance toutes les années de plus de
quatre-vingt-dix millions de lieues vers le midi. Dans
l'éloignement prodigieux où sont ces étoiles les plus
proches de la terre, leur déplacement est à peine
sensible au bout de quelques années; jugez si les autres,
infiniment plus distantes, ne peuvent pas avoir un
mouvement aussi considérable, sans qu'il soit sensible
pour nous avant des siècles entiers d'observation.

MADAME DE CROISSY.

Puique le mouvement de ces grandes étoiles est si
certain, je n'ai rien à vous opposer sur ce sujet. Je
conçois même, d'après votre réflexion, que les plus
petites pourraient se mouvoir, sans que ce déplacement fût remarquable de longtemps à nos yeux, à
cause de leur inconcevable distance. Mais n'est-ce
pas assez, pour vous satisfaire sur l'immensité de
l'univers, que certaines étoiles soient emportées dans
une orbite dont l'imagination ne peut se représenter
l'étendue ? Voulez-vous encore troubler le repos des
autres ?

M. DE GERSEUIL.

C'est qu'il m'en coûterait davantage d'outrager la
nature. Pour reconnaître sa sagesse, vous avez été
forcée de convenir que, si les étoiles sont des soleils
comme le nôtre, et que l'une d'elles ait, comme lui,
un monde planétaire à gouverner, toutes les autres
doivent avoir les mêmes fonctions à remplir : ne l'ac-
cuseriez-vous pas maintenant d'une inconséquence
bien étrange, en donnant le mouvement à quelques
étoiles, tandis que les autres, avec la même destination, resteraient immobiles ? Mais prenez-y garde,
ma sœur, le repos que vous accordez à celles-ci par
faiblesse, est une destruction violente dont vous les
frappez.

MADAME DE CROISSY.

Vous m'effrayez, mon frère.

M. DE GERSEUIL.

Au milieu de tous ces soleils arrêtés dans une
immobilité absolue, n'en supposons qu'un seul en
mouvement. Tel qu'un conquérant qui traverse sans
désordre ses propres états, en marchant à des dévas-
tations étrangères, il s'avance d'abord paisiblement
dans son empire ; mais aux premières bornes du
monde voisin qu'il rencontre, voyez-le engloutir dans
sa masse de feu toutes les planètes de ce système à
mesure qu'il y pénètre, et courir bientôt dévorer sur

son trône immobile ce soleil même qu'il vient de
dépouiller. Dès lors l'équilibre de la machine
universelle est détruit. Ces systèmes qui se balançaient
par l'égalité de leurs forces, comment pourront-ils
résister à l'usurpateur, accru d'un monde envahi, et
poussé d'une impétuosité nouvelle dans sa course?
Comme un brasier ardent attire la paille légère, il voit
les mondes qui bordent son passage se précipiter
en foule dans le torrent de ses flammes. Il marche
d'embrasements en embrasements, foyer errant du
grand incendie de l'univers.

MADAME DE CROISSY.

Oh! je vous en conjure, hâtez-vous de rendre le
mouvement à tous ces soleils, que voulait arrêter
ma folie. Surtout ne ménageons pas la course du
nôtre. Qu'il fuie le désastre épouvantable où je l'ex-
posais. Hélas! je tremble maintenant que ses pas ne
soient trop ralentis par le grand attirail de son cortége.

M. DE GERSEUIL.

Tranquillisez-vous, ma sœur. Sa force est propor-
tionnée à la masse des corps qu'il entraîne. La terre,
soixante fois seulement plus grosse que la lune, la
contraint bien de la suivre; Saturne fait bien marcher avec lui son anneau et ses satellites; Jupiter est-
il jamais abandonné des siens? Si ces planètes, par
leur masse dominante, obligent les corps de leur suite

de les accompagner dans leur révolution autour du soleil, avec une masse beaucoup plus considérable que celle de toutes les comètes, de toutes les planètes, et de tous leurs satellites ensemble, ne saura-t-il pas les emporter avec lui tous à la fois autour de l'astre assez puissant pour le dominer ?

MADAME DE CROISSY.

Ainsi le maître de tant d'esclaves ne serait qu'un esclave à son tour ?

M. DE GERSEUIL.

Quelque mouvement que vous lui donniez dans l'espace, il faut nécessairement que ce soit autour d'un corps supérieur, centre de son orbite, comme il est lui-même le centre des orbites de tous les corps soumis à sa domination. C'est une loi invariable que la nature a suivie dans tout le système de l'univers. Les comètes, ces astres dont le cours est le plus irrégulier, selon nos idées, y sont soumises dans leurs plus grands écarts. En marchant sur une ligne presque droite vers l'extrémité de leur ellipse, elles suivent toujours une orbite qui leur est tracée autour du soleil.

MADAME DE CROISSY.

Quoi donc ! pour chaque soleil aurait-il fallu créer un corps supérieur, autour duquel se fît sa révolution ?

M. DE GERSEUIL.

La nature a plus de ressources dans ses moyens.
Plusieurs planètes, avec leurs satellites, circulent
autour du même soleil; plusieurs soleils, avec leurs
planètes, circuleront autour du même corps supérieur; plusieurs corps supérieurs, avec leurs soleils,
circuleront autour d'autres corps supérieurs encore.
Cette gradation de systèmes de corps supérieurs
croissant toujours en volume, et décroissant en
nombre, ira se terminer au corps central universel,
sur lequel sans doute repose le trône de l'Etre suprême, qui d'un regard embrasse tout son admirable ouvrage.

MADAME DE CROISSY.

Mais avec cette inconcevable multiplicité de mouvements et d'orbites, comment préviendriez-vous le
désordre?

M. DE GERSEUIL.

Comme cet amiral qui conduisait la flotte la plus
nombreuse qu'eût jamais portée l'Océan. Elle était
formée de trois divisions, composées chacune de plusieurs vaisseaux de ligne, d'une quantité prodigieuse
de frégates, et d'un nombre infini de navires marchands, avec leurs chaloupes. Il voulut un jour leur

faire exécuter une évolution générale. Il ordonna à
ses trois vice-amiraux de marcher en un grand cercle autour de lui sur leurs vaisseaux de commande-
ment. Chacun des vice-amiraux donna le même ordre à tous les vaisseaux de ligne de sa division, chaque vaisseau de ligne à plusieurs frégates, chaque fré-
gate à plusieurs navires marchands, et chaque navire
marchand à toutes ses chaloupes. Ils prirent un espace assez vaste pour pouvoir exécuter librement ces
manœuvres, et elles se firent avec la précision la plus
rigoureuse. Cette évolution paraissait sans doute bien
compliquée aux derniers navires. Ils devaient n'apercevoir que des mouvements bizarres et confus à travers tous ces corps flottants. Vous voyez toutefois
qu'elle était de la plus extrême simplicité. L'amiral
n'avait eu besoin que d'un seul ordre, d'un signal
unique. Les chaloupes n'avaient qu'à marcher à diverses distances autour de chacun des navires marchands dont elles dépendaient, tandis que plusieurs
navires marchands circuleraient autour de chaque fré-
gate, plusieurs frégates autour de chaque vaisseau de
ligne, les vaisseaux de ligne autour de chacun des
vice-amiraux de leur division, et ceux-ci enfin autour du grand-amiral.

MADAME DE CROISSY.

Cette comparaison débrouille à mes yeux tout le
système de l'univers. Mais comment concevoir cette

gradation de corps plus puissants les uns que les autres, dont le volume énorme du soleil ne serait que
le terme moyen ?

M. DE GERSEUIL.

Votre imagination n'a-t-elle pas déjà fait un effort
plus courageux, en s'élevant à l'immensité du soleil
même, incontestablement reconnue aujourd'hui ? Cet
astre, que les anciens croyaient moindre que la lune,
et infiniment plus petit que la terre, cet astre pourrait former plus de quatorze cent mille globes de la
terre, ou plus de quatre-vingt millions de globes de
la lune. Quelle progression de grandeur peut maintenant nous arrêter ? Si chaque nouvelle erreur dont
l'homme se désabuse éclaire son intelligence ; si
chaque nouveau degré de faiblesse qu'il surprend
dans ses organes agrandit son génie, pourquoi crain-
drait-il de donner un plus noble essor à son génie et
à son intelligence ? Avant l'usage du microscope, ne
bornait-il pas la nature animée au dernier insecte que
ses yeux lui permettaient d'apercevoir ? Aujourd'hui
combien de millions de créatures il aperçoit encore
au-dessous de cet insecte ! Une goutte d'eau préparée, dont rien ne semble altérer la transparence, lui
montre une mer peuplée de ses baleines ; une par-
celle de fruit moisi lui présente pour ses habitants
une montagne couverte de forêts, comme l'est pour
nous l'Apennin, qui va cacher son front dans les nuages. Il voit ces petits animaux, dont il était si loin de

soupçonner l'existence, en dévorer d'autres plus petits; il les voit pourvus d'organes propres à tous leurs
besoins, chargés de milliers d'œufs prêts à éclore
pour entretenir une prodigieuse population. Frappé
de surprise à cet aspect, si le microscope lui échappe
des mains, qu'il prenne le télescope, et qu'il découvre dans les cieux une foule innombrable d'étoiles
inconnues, derrière lesquelles il s'en dérobe encore
un nombre mille fois plus grand qu'il ne verra jamais. De quel côté oserait-il maintenant, dans son
audace, limiter la création? Si le temps est sans fin
pour l'Eternel, pourquoi l'espace et la matière au-
raient-ils des bornes pour le Tout-Puissant? L'un
est-il moins digne que l'autre de sa gloire? Les siècles
que peuvent embrasser nos calculs ne sont peut-être
à la durée de l'éternité que ce que les espaces occupés par ces millions de mondes que nous ne pouvons
entrevoir sont à l'étendue de l'infini.

MADAME DE CROISSY.

O mon frère, quelle sublime idée vous me faites
concevoir de l'Etre suprême!

M. DE GERSEUIL.

Vous n'avez pu encore admirer sa puissance que
dans le nombre et la grandeur de ces corps prodigieux qui peuplent l'univers; mais quelle sagesse bien
plus admirable il a fait éclater dans l'équilibre où les

maintient l'accord immortel de leurs mouvements!
Jetez d'abord les yeux sur notre système solaire. Outre les sept planètes et leurs satellites qui le parcourent sans cesse dans un ordre immuable, voyez-y
circuler en tous sens plus de soixante comètes dont
les pas ténébreux sont marqués. Combien il en circule
infiniment davantage que nous n'avons pas encore
observées! La géométrie démontre que, par la forme
de leurs orbites, un million de ces corps peut se mouvoir autour du soleil, sans que leurs cours s'embar-
rassent. Elancez-vous maintenant sur les ailes de la
pensée; traversez tous ces mondes, où règne inté-
rieurement la même harmonie; allez-vous prosterner
au pied du trône du Créateur, pour assister à leur
marche universelle : cette noble audace est un hommage que vous rendez à sa gloire. Un rayon de son
œil va vous éclairer. O le magnifique spectacle qui se
dévoile tout-à-coup à vos regards! Ces étoiles qui ne
vous paraissaient d'ici-bas que des flambeaux immobiles, les voyez-vous, comme des soleils dans toute
leur grandeur, s'avancer en silence, suivis de leur
cortége planétaire, autour de soleils plus puissants
qui les emportent autour d'autres soleils encore plus
glorieux? Quelles justes proportions entre ces provinces, ces empires et ces mondes célestes! quelle
majesté de domination, et même de dépendance!
comme tous ces orbes s'embrassent sans se confondre!
Quelle sera donc la chaîne invisible assez forte pour
lier toutes ces parties d'un tout infini? Le grand New-

ton nous l'a révélée. C'est un seul principe de tendance mutuelle que le Créateur répandit dans tous ces corps. Combiné avec l'impulsion qu'ils reçurent une fois pour toujours en sortant de ses mains, réglé par le rapport de masses et de distances, il est l'agent universel de la nature. C'est lui qui tend à réunir tout ce que le mouvement voudrait séparer. En se balançant dans l'exercice perpétuel de leurs forces, ces deux puissances conservent entre les mondes l'ordre établi dès la création. Chacun d'eux attire à lui tous les autres, ainsi qu'il en est attiré. Une correspondance générale d'attractions réciproques les unit en les divisant. Leurs sphères s'étayent, sans se pénétrer. Les soleils qui les illuminent se réfléchissent leurs rayons, pour qu'un seul atome de lumière ne soit pas en vain dissipé dans l'espace. Il me semble que l'Éternel ait voulu tracer dans cette même loi le plus grand principe de la morale humaine. « Mortels, aidez-vous mutuellement de vos lumières et de vos forces, tendez les uns vers les autres, sans vous écarter de la sphère où vous a placés ma providence. Cet ordre est établi pour votre bonheur, comme pour le maintien de l'univers. »

Les deux enfants n'avaient pas laissé échapper une seule parole pendant la dernière partie de cet entretien ; mais leur silence n'était pas une distraction : il était l'effet de l'impression de surprise dont ils avaient été frappés, et de l'attention qu'ils avaient donnée au

magnifique tableau qu'on venait de leur offrir. M. de
Gerseuil craignit cependant que la rapidité de son
discours n'eût fait perdre quelque chose à leur intelligence; et dès le lendemain, en se levant, il écrivit
de mémoire les deux entretiens de la veille, et les
donna à Emilie et à Cyprien, qui les lurent et relurent
souvent avec la plus grande attention.

FIN.

TABLE

DES MATIÈRES.

FIN DE LA TABLE.

ISLE. — IMP. ARDANT FRÈRES.

Imprimé en France
FROC031532010720
24395FR00015B/281